マンガで納得！
猫の気持ちがわかる

ごあいさつ

猫は自由気ままで寝てばかりいて、ちっとも言うことを聞きやしない……。

私たちはそんなふうに思われがちだけど、それは誤解というものよ！

たしかに、自立心は高いけど、飼い主さんのことは、自分の親のように思っています。だから、ベタベタさわられて、ちょっと嫌だなと思ってもガマンするし、誰かが家に来れば、何か悪いことをしないか、見張り役もちゃーんとしてる。こう見えて、けっこう毎日、頑張ってるんですよ。

それに、自分の気持ちを伝えるために、鳴き声や体全体を使ってメッセージを送ってるの、わかってくれているかしら？

私たちのこの気持ち、伝わるとすごくうれしいのだけど。

登場人物紹介

みやこ

玩具メーカーの広報部に勤める。まわりの友人たちの結婚ラッシュで焦り気味のアラサー女性。

たまこ

みやこの飼い猫。三毛猫のメスで1歳と3ヶ月。赤ちゃんの頃に捨てられ、拾った直美に育てられる。6ヶ月頃にみやこのもとにやって来た。

憧れの人

会社の同僚

とらお

直美の飼い猫、サバトラのオスで3歳。かぎしっぽがチャームポイント。直美がひとり暮らしをはじめたときに迎えられた。直美のことが大好き。

直美

みやこの同僚で友人。小さな頃から猫とともに育った生粋の猫好き。愛猫とらおと暮らしていたある日、たまこを拾う。とらおの嫉妬が激しく、みやこにたまこを譲る。

マンション
シャットトリコロー

大家さん

みやこが住むマンション「シャットトリコロール」の大家。近所でも評判の猫博士でもある。みやこをはじめ、多くの猫の飼い主から相談を受けている。

一郎　二郎　三郎

ミックスの三兄弟。総柄の茶トラが一郎、白地に茶トラ模様の長いしっぽが二郎。白地の鉢割れ茶トラで、ボブテイルが三郎。

たまこについていろいろと相談する

祖母と孫

仁山

みやこの大学時代の先輩。会社の企画部にいたが、広報部に異動。みやこと偶然の再会を果たす。無類の猫好きだが、愛情を押しつけがちで嫌われることがしばしば。

大学の後輩

会社の同僚

会社

マンガで納得！ 猫の気持ちがわかる 目次

ごあいさつ――3

登場人物紹介――4

1章 お食事中に見られるしぐさ

マンガ第1話 猫もごはんにはこだわりがある？――14

グルメだから？ お食事中の不思議――18

ごはんのお皿にむかって砂かけをするのは、なぜ？――18

急にわが家の猫がごはんを食べなくなった！ どうしたの？――19

ときどきお皿におもちゃを入れるのだけど、何のアピール？――20

ごはんをわざわざお皿から出して食べるのは、なぜ？――21

心配になる！ 食べ物意外のものを食べるとき――22

草をムシャムシャ食べるのはベジタリアンってこと？――22

毛布をチューチュー吸っているときがあるけど、どうしたの？――24

吸うだけじゃなくて、布を食べてしまうけど、大丈夫？――24

遊んでいる？ お水を飲むときの不思議――26

新しい水を用意してもお風呂の残り湯を飲んでしまうのは？――26

カルキ臭が苦手なのになぜ蛇口から落ちる水滴を飲むの？――28

食器から、わざわざ前足ですくって水を飲むけど、どうして？――29

章末コラム 種類が変われば性格も変わる！ **猫種別性格診断❶ スコティッシュフォールド**――30

2章　来客時に見られるしぐさ

マンガ第2話　苦手な人を見ると出ちゃうあのしぐさ――32
おっかなびっくり！　大人の前での行動――36
お客さんの前で大あくびをした！　失礼じゃない!?――36
人の近くに来て座ったけど、話に興味があるってこと？――38
人に指をさし出されると、鼻を寄せてしまう不思議――38
お客さんがだっこしたら、しっぽをお腹に巻き込んじゃった！――40
来客がなでていたらしっぽを振った！　喜んでいるの？――41
しっぽでわかる猫のキモチ――42
どうして不機嫌？　子どもの前での行動――44
顔をのぞき込んだら体の向きを変えてしまったけれどどうしたの？――44
しつこくさわられていた猫が「シャー」と言ったら怒ってる？――45
章末コラム　種類が変われば性格も変わる！　猫種別性格診断❷　アビシニアン――46

3章 寝ているときに見られるしぐさ

マンガ第3話 寝る前に見られるこだわりとは——48

なんだか不思議 ベッドにいるときの行動——52

寝る前にベッドをふんづけるのは、気に入らないってこと?——52

ベッドをフミフミではなくガツガツと掘っていたら?——53

機嫌が悪いときも「ゴロゴロ」いうときがある!——54

千差万別? 寝相の不思議——56

仰向けでお腹丸出し状態は寝相悪すぎ?——56

丸くなって眠る。ニャンモナイトのときの気持ちは?——57

飼い主と同じポーズで眠る猫 なぜおそろいにするの?——57

寝相でわかる猫のキモチ——58

ちょっとびっくり! おやすみ中のしぐさ——60

寝ながら「ウニャウニャ」言ったり足を動かしたりしていたら?——60

起きたばかりなのに大あくび!? まだ眠いの?——62

夜中になると起き上がって走り回る猫! どうしちゃった?——62

章末コラム 種類が変われば性格も変わる! **猫種別性格診断❸ ラグドール**——64

4章 おトイレ時に見られるしぐさ

マンガ第4話 本能むき出し! トイレの不思議——66

なんとも不思議 排泄前後の行動——70

トイレのあとにやたらハイになるのは、いったいなぜ？——70
用を足したあと砂かけをするのは、キレイ好きだから？——72
おしっこなどのニオイをかぐとポカンとするのは？——73
困ってしまう！ トイレの失敗——74
オス猫があちこちにおしっこをまき散らすのはなぜ？——74
しつけができていたのに、粗相をするようになったのはなぜ？——76
章末コラム 種類が変われば性格も変わる！ 猫種別性格診断④ アメリカンショートヘア——78

5章 遊びのなかで見られるしぐさ

マンガ第5話 気分が乗るとき、乗らないとき——80
遊びで見られる 猫の不思議な動作——84
遊びに誘ったときに鼻を鳴らすのは、拒否ってこと？——84
夢中で遊んでいたはずなのに、急にあくび。あきたの？——85
遊んでいるときにお尻を振るのはどうして？——86
獲物を見つめて頭を振ることもあるけれど、気に入らないってこと？——86
食べ物でもないのに、おもちゃを見て舌なめずりするのはなぜ？——88
獲物をくわえて激しく振る。いたぶるようなことをするのはどうして？——89
本音がわかる 猫の表情の変化——90
おもちゃを振っても見ているだけ。興味ないってこと？——90
章末コラム 種類が変われば性格も変わる！ **猫種別性格診断⑤ ロシアンブルー**——92

6章　ひとりでいるときに見られるしぐさ

マンガ第6話　室内猫は外にあこがれを持っている？——94
猫が大好き　窓辺で見られる行動——98
外を見つめ、「カカカカ」と言っているのは、外に出たいってこと？——98
ジャンプに失敗した猫が、なぜか毛づくろいを始めたけど？——99
飼い主に声をかけられた猫がしっぽを振った。機嫌が悪い？——100
何度言っても言うことを聞かないのはどうして？——101
ちょっと不思議　リビングで見られるしぐさ——102
猫といえばコレ！　毛づくろいや爪とぎをする理由とは？——102
家具に頭をスリスリ、ゴンゴンするけれど、ストレス？——103
いつも高いところに上りたがるのはなぜ？——104
せまいところにもしょっちゅう入りたがるけど？——104
ときどきおみやげを持って帰ってくるのはなんのアピール？——106
あらぬ方向を見てフリーズしているけど、何があるの？——107
章末コラム　種類が変われば性格も変わる！　**猫種別性格診断6　マンチカン**——108

7章　ほかの動物といるときに見られるしぐさ

マンガ第7話　猫の威嚇には、二つの種類があった——110
怖がりだから？　猫以外の動物と一緒で——114

背毛を逆立てながら「シャーシャー」言っていたら、攻撃態勢?——114
ヒゲをそらしているのは、怖がっているってこと?——115
体の変化でわかる猫のキモチ——116

敵か仲間か?　ほかの猫と一緒のとき——118
耳を横に引いているときの猫は、どんなキモチ?——118
初対面の猫と出会うと、目をそらすのはなぜ?——120
しっぽを上げてすり寄り合うのは、仲良しってこと?——120
ほおずりは親愛のサインじゃなかった!?——121

章末コラム　種類が変われば性格も変わる!　猫種別性格診断❼　ソマリ——122

8章　お外で見られるしぐさ

マンガ第8話　不安と緊張は、肉球にあらわれる——124

恐怖アピール?　病院にいるときのしぐさ——128
病院に連れて行ったら、肉球が汗でびっしょりになっちゃった!——128
診察台で耳を伏せ、体を低くしていたら?——129

パトロール中!　外歩きで見られるしぐさ——130
家では甘えっこなのに、外で知らんぷりするのは?——130
夜になると、猫が集まってくるけど、何をしているの?——131

章末コラム　種類が変われば性格も変わる!　**猫種別性格診断❽　ミックス(雑種)**——132

9章　飼い主と一緒のときに見られるしぐさ

マンガ第9話　大好きだからこそ、邪魔したい？——134

どうしてそうなの？　そばにいるときの動作——138

パソコンのキーボードや雑誌の上に乗るのはイジワルだから？——138

声を出さない口パクの「ニャーオ」はどういう意味？——139

鳴き声でわかる猫のキモチ——140

目の前に来てお腹を見せるのは、なでてほしいってこと？——142

足に体をすり寄せてくるのは、親愛の証じゃない？——143

トイレやお風呂にまでついてくるのは、甘えん坊ってこと？——144

家事中など、忙しいときに限って足にじゃれつくのは？——145

なでていたら白目をむいた！　大丈夫!?——146

なでたところをなめるのは、汚いというアピール？——146

気持ちよくなでられていたのに、突然凶暴化するのは、なぜ？——147

なんとも不思議　外出時や帰宅時の行動——148

帰宅時にキスをしてくるけど、これって「好き」という合図？——148

お見送りやお出迎えに来るのは、名残惜しさや歓迎の気持ち？——149

反省してる？　叱ったあとのしぐさ——150

叱ったら、あくびをした。反省していないってこと？——150

巻末付録　にゃんこと暮らすための基礎知識——152

参考文献——159

1章 お食事中に見られるしぐさ

わー
ちこくするぅ〜
うちの名前はたまこ。
今日もまああわただしいこと
くはっ
今、えらい形相で走っとったんが食事係のみやこはん。
ひーーー
毎日どこぞに出かけ、帰ったら食事を用意してくれはる。
毎日毎日、ほんませわしないなぁ…
ほな、うちはもう一眠りしよか
〇〇トイ・ファクトリー
わー
始業2分前…
ギリセーフ…!
寝坊?
みやこおはよー
ゼェ
ハァ
おーーい みんな注目ー
まー そんなトコ
アハハ
コーヒーのむ?
ありがと
今日からわが部署にやって来た仁山くんだ
仁山です。みなさんよろしくおねがいします
あれっ?このヒトどこかで見たような…
みやこちゃん?
うーーん どこだっけ…
??
あれっ?

えっ? もしかして…
大学のサークルで一緒だった仁山先輩ですか!?
わ~ ぐうぜんだね~ よろしく!
そうそう
は――これって運命の再会ってやつかな~
うふ、ふ♡
私ひそかに仁山先輩に憧れてたんだよね~♡
たまこはどう思う?
ニャー
はよう はよう
ニャー
もー
ねえ、話聞いてる?
カリ カリ
ふう
私も食べよ
いただきまーすっ
カリ カリ
ん?
すくっ
くるり
あーまた砂かけしてる
もうごちそうさまなの?
カシカシカシカシ
半分も残してるし…
もしかしてごはんが合わないのかな…

なんでだろ…
ペロ
ペロ
そうよ、こんなときは…
ピーン
はっ
このマンションの大家さん、すごいのよ
この子がノラのとき
いとも簡単につかまえて～～
へぇ～
猫トラブルにはあの人ってかんじ？
まさしく駆けこみ寺よねっ！
すご～い
回覧
大家さんに聞いてみよう！
ダダダダダ
ダダダ…
バタンッ
こんばんはー
みやこです
ピンポーン
NIYAMA
鍵は開いてるわよ
入りなさい
ガチャ
ニャー
こんな夜中にお客さん？
あっみやこちゃんかい
いらっしゃい
おじゃましまーす
いらっしゃい
どうかした？
夜分にすみません
ニャー

あのですね…
うちの猫が最近
エサを半分くらい残して…
砂をかけるような
仕草をするんですけど
ええっ
まだあるのに〜
かき
かき
どんな意味があるんでしょうか
それはね…
ニャー
①お腹がいっぱいの合図
もー
まんぷくですわ
いまは
食べまへん
No
②今はいらないの合図のどちらかね
猫は野生時代、
食べ残しのエサを隠しておく
習性があったの
あとで
たべよ〜
ザク
ザク
その名残で、飼い猫となった
今もエサを隠そうとして
砂かけのしぐさをするのよ
へぇぇ〜
そうだったん
ですね!!
だってさ〜
さ!
食べ残しはいたむから、
あまり長い時間
食べないようなら
片づけなさいね
フフフ
わかりましたっ!!

グルメだから？ お食事中の不思議

うちらは、1回1回の食べる量がそれほど多くありまへん。そのため、出されたごはんを食べきらへんことも普通なんです

ごはんのお皿にむかって砂かけのしぐさをするのは、なぜ？

猫を見ていると、お皿によそったごはんを残し、砂をかけるようなしぐさをする子がいます。マンガのなかでも、たまこが同じ行動をして、みやこさんを心配させていましたね。

ですが、大家さんが言っていたようにそれほど心配する必要はありません。

猫は犬と違って、自分がそのとき必要と感じる分しか食べません。お腹が空いていればたくさん食べますし、お腹がいっぱいであまり食べないこともあります。このように猫は猫なりにコントロールしているのです。

では、なぜ残したごはんに砂かけ動作をするのでしょう。

じつはこれ、野生時代の名残。かつての猫は、手に入れた獲物をほかの動物にとられないよう、砂や草をかけて隠していました。その習性が今も残っているというわけです。

このとき、食べてほしい一心で猫が喜びそうなおやつを与えると、「同じことをすればおいしいものが出てくる」と猫が考え、わざと残すようになるので、要注意ですよ。

急にわが家の猫がごはんを食べなくなった！ どうしたの？

途中で食べるのをやめてしまうのと違って、まったく食べないとなると、心配になりますね。何かの病気ではと慌ててしまいますが、猫がごはんを食べなくなることは、少なからずあります。

たとえば、ごはんを変えたとき。

試供品でもらったごはんをあげたところ、おいしそうに食べたとしましょう。だけどその翌日、いつものごはんに戻したら食べない……。これは前日のごはんの味を占め、「昨日のものを出せ」とばかりに、**ハンガーストライキを行なっている**のです。

また、お皿を新調したとき。お皿が気に入らないということもあります。

手が使えない猫は、舌でごはんをすくうようにして食べますから、**もし舌が届きにくいお皿だったらストレス以外の何物でもありません。**

お皿を変えて食べなくなった場合は、以前のものに戻すか、今まで使っていたものと同じ形のお皿で用意してあげるとよいでしょう。

ときどきお皿におもちゃを入れるのだけど、何のアピール？

ごはんに関する猫の不思議行動は、ハンガーストライキや砂かけにとどまりません。たとえば、食事の時間になり、ごはんの用意をしていたところ、やって来た猫がお気に入りのおもちゃをポイとお皿の中に放り込むことがあります。

飼い主からすると「？」な行動ですが、猫のほうは真剣そのもの。何かアピールしてそうですね。

これは食器が自分のものであると主張したり、おもちゃを自分が仕とめた獲物に見立てて満足感を得ようとしていると考えられます。

ただし、飼い主の愛情不足からおもちゃを入れる行動をとる子もいます。以前おもちゃを入れたところ、飼い主が相手をしてくれたのでしょう。そのときのことを思い出して、飼い主の関心を引こうとおもちゃを入れるのです。

また、飼い主が面白がっておやつを与えたという経験がある場合、そのおやつ目当てで行なっている可能性もあります。何か心当たりはありませんか？

ごはんをわざわざお皿から出して食べるのは、なぜ?

飼い主がお皿に入れたごはんを、猫がくわえ出して食べることがあります。主食のフードの上にめざしやゆでたお肉など、塊のトッピングをあげている家庭でよく見られるようです。

人間側としては床が汚れるので困りますね。ですがこれは猫の本能のため、直そうと思って直るものではありません。

野生時代の猫は、狩りで得た獲物を、つかまえたその場で食べたりはしませんでした。まわりの安全が、確認できないからです。

そのため、敵に狙われない場所まで運び出し、そこでゆっくり解体しながら食べていたのです。つまり、くわえ出しをする猫は、当時の習性の名残があるのだと考えられます。

ごはんをほぐして与えるようにすると予防になりますが、解体して食べる楽しみを味わせてあげるためにも、お皿の周囲にシートを敷くなどして好きにさせてあげるとよいですね。

心配になる！ 食べ物以外のものを食べるとき

うちらは、基本的にたんぱく質……つまりお肉が主食。せやけど、食べ物やないものも、理由があって口にします

草をムシャムシャ食べるのはベジタリアンってこと？

猫が室内の観葉植物の葉をかじってしまうことがあります。野菜不足なのでしょうか。

いいえ、基本的に猫は肉食動物ですので、野菜を食べる必要はありません。また、総合栄養食であるキャットフードを食べていればビタミン不足になることもありません。

それでも草を口にするのは、お腹に溜まっている毛玉を吐き出しやすくするためです。

猫は誰もが知るキレイ好き。自分の舌で体をなめて、いつも清潔に保とうとしていますね。じつはこのとき、自分の毛も飲み込んでいて、その毛がお腹に溜まってしまうのです。

ときどき猫が草を食べようとするのはこのためで、繊維が豊富な草は、胃の中をほどよく刺激し、吐き戻しやすくなります。

つまり猫にとって草を食べる行為は、セルフ・ヘルスケアをしているわけです。

ただし、観葉植物の中には、猫にとって毒となるものも少なくありません。観葉植物は猫が入れないエリアに置き、専用の猫草を準備しておくとよいでしょう。

猫が草を食べるワケ

お手入れ中に飲み込んでしまった毛玉を吐き出しやすくするためと考えられています。そのほかに、便秘解消のため、食感を楽しんでいるためなど諸説あります。

知っておきたい安全な植物と危険な植物

安全な植物	危険な植物
エンバク（カラスムギ） 市販の猫草のほとんどは、この新芽。	**アジサイ科の植物** 大量摂取するとけいれんから昏睡・死亡することも。
エノコログサ イネ科の一年草で、通称「猫じゃらし」。	**キキョウ科の植物** 下痢や嘔吐のほか、心臓麻痺が起きるケースも。
パキラ 観葉植物に人気の植物で、毒性はほぼないといわれています。	**キンポウゲ科の植物** 皮膚がかぶれるほか、呼吸麻痺やけいれんにつながります。
ガジュマル 沖縄県などに自生する植物で、毒性はほぼありません。	
その他、シュロチク、アレカヤシ、テーブルヤシなど	**その他、スミレ科、ツツジ科、ナス科、バラ科、ユリ科など**

毛布をチューチュー吸っているときがあるけど、どうしたの？

ベッドの上でゴソゴソとしている愛猫。何をしているのかと様子を見に行ってみたところ、なんと毛布をチューチューと吸っているではありませんか！　食べ物でもないのに、どうしてこんなことをするのでしょうか。

じつはこれは、子猫時代に離乳が早かった子が、お乳への強い衝動にかられて行なうしぐさだといわれています。

寄りそう母猫のおっぱいを吸いながら、あたたかな体温を感じる時間は、子猫にとってもっとも幸せな時間です。

ところが、母親から十分な愛情を注がれなかったり、早くに離乳させられたりした猫は、成長してからも愛情を求め、毛布に吸いつくようになるといわれています。

いわば、毛布を吸う行為は、赤ちゃん返り。その前足に注目すると、交互に伸ばし、毛布をもんでいるはずです。これはお乳の出をよくしようと母猫のおっぱいをもむ行為と同じ。

つまり、毛布を吸うネコはお母さんのおっぱいを飲んでいた記憶を思い起こし、甘えているのだと考えられます。

吸うだけじゃなくて、布を食べてしまうけど、大丈夫？

猫が毛布を抱きしめ、チューチューモミモミする動作はとてもかわいいですが、放っておいてはいけません。

なかには吸うだけではおさまらず、布を噛み切ったり、食べてしまう猫もいるからです。この行動を「ウール・サッキング」といいます。

布製品の中でもウールの毛布をとくに好むのですが、これはウール製品が発するラノリンという物質のニオイが、母猫のおっぱいを思い起こさせるからだといわれています。

そのなつかしいニオイに飼い主のニオイがまじっているのですから、猫にとってはたまらなく魅力的なのでしょう。

食べてしまった布は、基本的に消化されないまま排泄されますが、ときに腸に詰まってしまうこともあり、危険です。

吸っている姿を見つけたら、やさしく口元から布を引き離し、遊びに誘って気をまぎらわせてあげるとよいでしょう。

また、食物繊維が豊富な、噛み応えのあるフードを用意すると、ウールを食べる欲求が静まるという見方もあります。

それでも改善されないようなら、病院に連れて行き、獣医師に相談してください。

子猫は、母猫のおっぱいを飲むとき、母乳が出やすくなるよう前足でフミフミして刺激します。

早くに母猫から離されてしまった猫は、母乳へのあこがれを持ち続け、大きくなっても愛情を求めようと赤ちゃん返りをします。

遊んでいる？
お水を飲むときの不思議

うちらは、あまり水を飲まなくてもええ体質です。せやけど、腎臓に負担をかけへんように、できるだけ飲ませたってや

新しい水を用意しても お風呂の残り湯を飲んでしまうのは？

水にこだわる人は多いですが、じつは猫のなかにも独特な好みを持つ子がいます。

それも、お風呂の残り湯や、お風呂場の濡れた床、花瓶の水、さらには庭やベランダの雨水など、あまり清潔とはいえない場所の水を好んで飲むのです。

これは、飼い主が新鮮な水をお皿に用意しておいても、変わりません。

なぜこうした場所から水を飲むのか、その理由ははっきりとはわかっていません。

一説には、お皿に用意した水を飲まないのは、お皿を洗ったあとの洗剤のニオイや水道水のカルキのニオイが気に入らないのではないかといわれています。だから、お風呂の水や雨水などを好むのかもしれません。

いずれにせよ、猫の個体によって、それぞれ水の好みがあるというわけです。

飼い主としては心配な点もあるでしょうが、猫が好む水を、好む環境で飲ませてあげましょう。ただ、猫が好む水飲み場の環境は、できるだけ清潔を保つようにしてあげてくださいね。

猫は水にこだわる？

風呂の残り湯が好きな理由

野生時代の猫は、狩りをして得た小鳥やねずみを食べていました。そのため、ぬるま湯程度の温度の水を好んで飲むという説があります。また、飼い主のニオイがついているのも魅力的に感じるようです。

花瓶の水が好きな理由

時間がたっているため水の温度が冷たすぎないこと、また、植物のニオイが溶け込んでいるため、野生時代を思い出して飲むのではないかといわれています。

カルキ臭が苦手なのになぜ蛇口から落ちる水滴を飲むの？

猫の水の好みはそれぞれと前述しましたが、一応の傾向はあります。それは新鮮で、かつカルキ臭がしないということ。

ということは、猫は水道から出たばかりの水は飲まないのでしょうか。

じつは、そうともいいきれません。なぜなら、猫のなかには、水道の蛇口から直接水を飲む子も少なくないからです。

ですが、蛇口の水が好きな理由は、「おいしいから」ではありません。キラキラ光る水滴や流れる水を面白がっているのです。そうして眺めて楽しんでいるうちに、飲むようになったのだといわれています。

水の温度にしても、一般に、ぬるま湯程度を好む猫が多いといわれています。ところが、冷たい水や、猫舌をもろともせず、熱いお湯を好む猫もいます。

まさに、水の好みは〝猫それぞれ〟というわけです。

食器から、わざわざ前足ですくって水を飲むけど、どうして？

猫はとにかく、体が濡れるのを嫌がります。お風呂もシャワーも大嫌いで、シャンプーをするときは戦場だという飼い主も多いでしょう。

濡れた床があれば、少しでも濡れないよう、ヒョコヒョコと足を上げて進む子もいます。

ここまで濡れるのを嫌うのは、猫の毛は脂分がほとんどないから。濡れると地肌まで水が染み込んでしまって気持ちが悪く、乾くのも遅いため、できるだけ濡れないようにしているというわけです。

ところが、そんなに濡れるのを嫌うのに、水を飲むときにわざわざ前足を器の中に入れてすくうようにして水を飲む猫がいます。

これは、猫の祖先であるリビア猫が砂漠生まれで、水がほとんどない環境で生きていたからだといいます。砂漠で見つけた水たまりの水を飲むとき、混ざっている泥や砂を避けて安全に水を飲むため、足につけた水を吸っていたのです。

その名残があるというわけで、前足で水をすくう猫には、砂漠出身の猫種が多いといわれています。

種類が変われば性格も変わる!

猫種別性格診断 1

スコティッシュフォールド

ぺたんとした垂れ耳が特徴のスコティッシュフォールドは、最近になって誕生した猫種。1961 年、スコットランドの農場で生まれた垂れ耳の猫スージーが祖といわれています。

とても甘えん坊で、初対面の人にもすり寄ってあいさつするほど人懐こい子が多いようです。そんな温和な性格のため、多頭飼育の場合でも、ほかの猫と仲良く暮らすことができるでしょう。

ただ、甘えん坊の性格のため、ひとりの時間がとっても苦手。仕事で留守にする時間が多い飼い主は、さびしい思いをさせてしまわないよう気をつけましょう。

去勢したオスは大人になっても甘えん坊でやんちゃのままですが、去勢をしていないオスは、成長するとともに甘えが薄れ、頑固になります。メスは比較的クールで、そこまで人に甘えたりしない傾向があります。

スコティッシュフォールドの平均体重は、オスで3～5kg、メスで2.5～5kg程度。一般的な猫のサイズです。

短毛、長毛どちらもいます。色のパターンはホワイトやブラック、クリーム、ブルーなどの単色のほか、クリームとホワイトの組み合わせをはじめ、白混じりの子が多くいます。

2章

来客時に見られるしぐさ

広報課
新聞
ガヤ
ガヤ
メシ行こーぜ
おう
みやこちゃん!
よかったらお昼を一緒に
どう?
えっ
あれあれ〜?
なんかいい雰囲気ねー
ニャ ニャ
そんなんじゃないってば!!
大学時代の先輩だって説明したでしょ〜!
からあげ
玉子丼
親子丼
大学のころを思い出しますねー
ホントホント
ピタ
はっ
なななな…何ですかっ?!
私、何かした…??
ドキッ
えぇっ
ニヤッ
えー やっぱ2人そーゆう関係〜?
じー
おつかれー
じゃお先ー
ス…
みやこちゃん
ちょっといいかな
キリッ
もしかして…
ボク、ずっと前からキミのこと…
もしかするの!?

も…もももも
ドキドキ…
も…も…?
もしかしてみやこちゃん
猫飼ってる!?
わーーっ!
へ?…猫?
あっ…ええ
だと思った!!
じつはボク、猫が大好きでさ~
ランチのときみやこちゃんの上着に猫の毛がついてるのを発見してからもう気になって気になって
ハッ…
テレテレ
ボクのマンションペット禁止で余計に飢えてて~
キミの猫ちゃんに是非会わせてくれないかいっ!?
じわしっ
は―
はい
もちろんでふ
へ~仁山さん猫マニアなんだ
そう言えば、みやこんとこの大家さんすっごい猫博士じゃなかった?
○○トイ・ファクト
そんな人がいるの?ボクの身内にも凄く猫に詳しい人がいるけど
うん!
ハハハ…
そうえっと大家さんの名前は…
仁山さんだ
ハッ
うっそ
えっ?!

最近ばあちゃんや三兄弟にも会ってないし
ちょうどいいや
もしかしてそれ、僕のばあちゃんかも！この近所でマンションの大家やってるんだ今度行こうかな！
ニャ
ニャ
こんな偶然って…やっぱり運命の再会だわっ！
この前はあまりの猫愛に圧倒されたけどっ…
先輩が訪ねてくる日
こんにちはーっ
ばあちゃん久しぶりー
先におじゃましてるわよー
ムムッ
なんてかわいいんだー
けったいな奴が来たな～
たまちゃん こんにちはー
あ…あくび？たまこっ!!
ふぁ
こらっ！お客さんに向かって失礼よ
一雄、あいかわらずあなたは猫の扱いがわかっていないわね
そんなにたまちゃんを見るんじゃないの緊張しちゃっているじゃない
猫は視線をからめるのが苦手なのよ
ど…どういうことですか？
ゴクリ…
みゃ～ほ～ん この人どちらさん？

目を開いたまますするあくびは、猫が緊張したときに見せる動作のひとつなの
ふぁ
不安
緊張
警戒
そうだったんだ…
見ないフリ～
じゃ～
お茶でも…
僕、たまちゃんのために我慢するよっ！
ふ～やっと うっとおしい視線から 解放されたわ～
ううっ やっぱガマンできないっ
ちらっ
ちらっ
ゾゾッ
いや～～っ
シュバ
バババッ
うっとおしいわっ
ペシペシ
あ～ たまこってば
先輩、怖くないから戻っておいで
これこれ…
たまちゃんの好きなようにさせてあげなさい
ごめん！たまちゃん！
フンッ
はい、おばあさま！
おばあさま？

おっかなびっくり!

大人の前での行動

うちらは基本的に「はじめて」が苦手やねん。
とくにお客はんという名の侵入者を前にすると、もう落ち着かんのなんのって……

お客さんの前で大あくびをした! 失礼じゃない!?

自慢の飼い猫を友人に紹介したいと思うのは、みな同じ。ですが、初対面で愛想を振りまくどころか、ファ～と大あくびをする猫がいます。まさにたまこがこれでしたね。

いくらなんでも失礼な態度だとみやこさんはたまこを叱ってしまいましたが、大家さんの言うとおり、これはみやこさんの誤解です。

たまこは仁山さんに失礼な態度をとろうとしたわけではありません。

ただ、初対面の相手を目の前にして、緊張してしまっただけなのです。

猫は変化を嫌う動物ですから、「はじめて」が苦手。今回のように初対面の相手と会ったり、新しい家具が入ったりと「はじめて」を前にすると、緊張や不安に襲われます。

そこで**緊張をほぐそうとして、あくびなど、状況とは関係のない態度をとるのです。これを「転《てん》位《い》行《こう》動《どう》」といいます。**

転位行動のあくびは、目を開けたままであることが特徴。眠いときのあくびは目を閉じたままします。

転位行動って何？

ガマン させられた

誰かにしつこくなでらえているときなど、嫌だと思っているのにガマンしている

初対面の人と 出会った

猫は「はじめて」が苦手。そのため、初対面の人と顔を合わせて緊張してしまう

失敗した

家具からソファに飛び移ろうとして目測をあやまり、落ちてしまうなど失敗をした

↓

猫の心がモヤモヤする

↓

警戒
恥ずかしいな、なかったことにしたいな

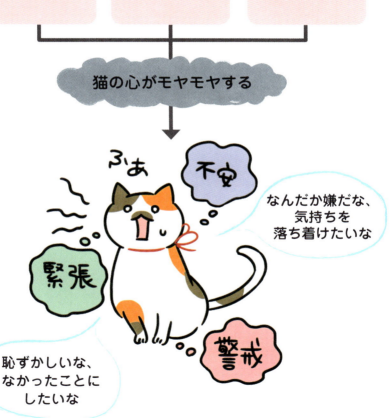

ふあ
不安
なんだか嫌だな、気持ちを落ち着けたいな

人の近くに来て座ったけど、話に興味があるってこと？

お客さんと話をしているとき、猫が近づいてきて飼い主の隣にチョコンと座り、そのままずっと座っていることがあります。

その姿は、まるで二人の会話を聞いているかのようですね。

もちろん猫に人間の言葉はわかりませんし、会話に興味があるわけでもありません。

こんなとき、猫が気にしているのは、お客さん＝見知らぬ侵入者が飼い主に危害を加えないかどうかという点。いわば、見守ってくれているというわけです。

ただ、これは勇気のある猫のケース。シャイで恥ずかしがり屋の猫なら、少し離れたところからじっと様子をうかがっているでしょう。

気になるけれど、見知らぬ人の近くに行くのは嫌なので、離れたところからそっと見守っているのです。

猫がこうした行動をとるのは、飼い主が女性の場合に多く見られるといいます。

人に指をさし出されると、鼻を寄せてしまう不思議

人間は自分の顔の前に人差し指をつき出されると、思わず顔を引いてしまいますが、猫の場合は

意外な反応をします。

指先に顔を近づけてきたかと思うと、鼻をくっつけるようにしてクンクンと熱心にニオイをかぐのです。

じつは、鼻を寄せるのは猫にとってのごあいさつ。猫同士が出会うと、互いに鼻を寄せて、相手のニオイをかぎ合います。こうして相手がどんな猫か情報を収集して、仲良くできるかどうかを確かめるのです。

これは習性なので、鼻先のような突起物を顔に近づけられると、反射的にニオイをかぎたくなってしまうのです。
相手のニオイを確認することで猫は安心します。ですから初対面のお客さんには、指を猫の顔の前に差し出すよう、アドバイスをするとよいでしょう。猫の警戒心がやわらぐはずです。
また、外出帰りの飼い主のニオイも、猫は気になるものなので、帰ったら指を差し出して情報収集をさせてあげましょう。

お客さんがだっこしたら、しっぽをお腹に巻き込んじゃった！

　お客さんがたずねて来た日のこと。お客さんが愛猫を抱き上げました。何度か顔を合わせているお客さんだし、だっこを嫌がらない猫なので、逃げようともせず、おとなしく腕の中にいます。

　ですが、よーく見ると、猫の様子がいつもと少し違うよう。しっぽをお腹に巻き込むようにして、

ぴったりくっつけているのです。いったいどうしたというの？

　じつは猫がしっぽをお腹に巻きつけるのは、不安を感じているサイン。怖いなと思いつつも、逃げることもできず、じっとガマンしている状態なのだと考えられます。

　だっこをしているのが見知った相手であるのにもかかわらず、しっぽを巻いている場合は、抱き方が不安定で、怖い思いをしている可能性があります。

　お客さんのだっこの仕方が悪いようなら、前足の下とお尻の下に腕を入れて、しっかり支えてあげましょう。猫が安心できる抱き方が大事ですよ。

来客がなでていたらしっぽを振った！ 喜んでいるの？

だっこをしていたお客さんが猫を下ろし、今度はなで始めました。ノドを鳴らしてご機嫌そうな愛猫ですが、しばらくすると、しっぽをぱたんぱたんと振り始めました。これは何のサインでしょうか。

犬がしっぽを振るのは、喜んでいるときがほとんどですが、**猫がしっぽを振るのは、ほぼイライラしているときです。**

さらに、しっぽの動きが大きく激しくなればなるほど、イライラ度は高まっていると考えましょう。

これは猫同士が出会ったときにも見られます。いっぽうの猫が激しくしっぽを振る姿を見て、もういっぽうの猫は力量を判断し、相手のほうが上だと思えば、だまって立ち去るのです。

なでられるのは基本的に好きですが、しつこいのは嫌います。

なでられてゴロゴロとノドを鳴らしていたとしても、しっぽが動き始めたら、「そろそろやめてほしい」のサインです。この辺で解放してあげましょう。

しっぽでわかる 猫のキモチ

うちらの気持ちが一番あらわれるのが、しっぽや。ここでは、代表的なしっぽのサインを紹介するんで、ぜひ覚えてや

ピンと立てているとき

しっぽを立てるしぐさは、子猫が母猫に対して甘えるときに見せることが多く、成長してからも、親しい相手に対して行ないます。「なでて」や「ごはん」など、要求があるときにも見られます。

しっぽの先を逆U字にしているとき

相手が飼い主や知り合いなど、親しい相手であれば、遊びのお誘いです。ただし、敵対する猫に対して逆U字にしていたら、威嚇の意味になります。このとき表情も険しくなっているでしょう。

しっぽを振っているとき

左右に大きくバタンバタンと振っているならば、イライラサイン。ただし、リラックスしているときにもしっぽを振ります。この場合、ゆったりと大きく振られ、表情もおだやか。

しっぽを立てて、ふくらませているとき

敵対する相手を威嚇するときにしっぽをふくらませます。そのほか、大きな物音に、びっくりしたときなどにも、毛を逆立ててふくらませ、太くします。

後ろ足のあいだにしっぽをはさんでいるとき

しっぽを巻き込むのは、相手の攻撃を恐れ、身を守ろうとしているサインです。巻き込まなくても、体にぴったりと寄せていたら、恐怖心を抱いている状態だと考えられます。

どうして不機嫌？

子どもの前での行動

どうも人間の子どもっちゅーのは、かなわんわ。大きな声を出すわさわってくるわ……。ガマンもするけど、それにも限度っちゅーもんがあるんです

顔をのぞき込んだら体の向きを変えてしまったけれどどうしたの？

ある日、友人が子どもを連れて遊びにきました。動物好きだというその子は、香箱《こうばこ》を組んでいた愛猫をのぞき込んでは話しかけ、さかんになでています。「香箱」とは、両方の前足を折りたたみ、胸の下にしまいこむようにしてうずくまるポーズで、すぐに立ち上がれません。そのため、警戒度は比較的低い状況で見られます。

猫はしばらくされるがままになっていましたが、やがてしっぽを振りはじめ、ふと立ち上がって体の向きを変え、座り直しました。

一見、ただ体勢を変えただけのように感じることの行動ですが、じつはこのときの猫はかなりイライラの状態だと考えられます。

しっぽを振るのは、ストレスを感じているサインと前述しましたが、これはまだ**イライラの初期段階。イライラがピークに近づくと、落ち着きがなくなり、体の向きを変える**のです。

しつこくさわられていた猫が「シャー」と言ったら怒っている？

体の向きを変え、「もうやめて」とサインを出した猫。ですが、その後も子どもがしつこくさわり続けていたところ、猫が頭だけを動かして、「シャー」と低いうなり声をあげました。

こうなったら、もう最終警告を下したようなもの。「シャー！」は、「あっち行け！」「それ以上さわるな！」という猫の抗議の声で、イライラがピークに達し、もはや我慢の限界を迎えたというサインです。

しっぽと体の向きで不機嫌オーラを出しているのに、さわり続けたのだから、堪忍袋《かんにんぶくろ》の緒が切れるのも、無理はありません。

ただでさえ、猫は子どもが苦手といいます。子どもは無邪気な分、加減を知りません。しつこくかまったり、突然大声を出したり、乱暴にあつかったりと猫にとって迷惑で予測不能な行動をとるため、苦手意識につながるのだと考えられます。

猫に過度のストレスを与えないため、また、子どもに危害が加わらないようにするため、子どもが猫と接するときは、大人が注意してあげましょう。

種類が変われば性格も変わる！

猫種別性格診断 2

アビシニアン

すらりとしたしなやかな体に、きりりとした目を持つアビシニアンは、およそ4000年前にあたる古代エジプトで聖なる猫の化身と考えられていました。その美しい姿に、女王クレオパトラも夢中になったといわれています。

鋭い目つきのために、プライドが高いと考えられがちですが、じつはかなりの甘えん坊で、「猫界の犬」とたとえられるほど人懐こい性格です。

頭がよく、人を理解し、飼い主に対して愛情を力いっぱいあらわします。どちらかというとオスのほうが生涯を通して甘えん坊が多く、猫からの愛情を日々感じたいという人はオスをお迎えするとよいでしょう。

一点、気をつけたいのが、好奇心旺盛なためにイタズラが多い傾向があること。物を落としたり、カーテンをよじのぼったりは当たり前なので、飼育環境に気をつける必要があります。

アビシニアンの平均体重は、オスで3〜4.5kg、メスで2.5〜3.5kg程度。一般的な猫に比べやや小柄です。

毛色のパターンは、ルディ（オレンジベースに黒の線）、フォーン（ピンクベースにピンクの模様）、レッド、ブルーの4種にわけられます。

3章 寝ているときに見られるしぐさ

翌日
やっほ〜ん
きたよ〜
おやつもあるよ〜
たまこのも
わ〜
ありがと
おいでやす
この子は直美はん。
は〜
たまこ…
また一段と
美猫に
なって〜
おおきに
みやこはんのお友達や。
はっ!!
助けを
求める
猫の声が!!
じつは捨てられとったうちを
拾ってくれたんがこの人なんや。
ミャー
ミャー
ミャー
ミー
ミー
もっと
もっと
ちょーらいっ
スリッ…
う〜ん
おまえもこのまま
飼ってあげたいけど…
最近
とらおの
ヤキモチが
すごい…
ミャー
直美さん!
何ですかソイツは!
オイラというものが
ありながらっ
アタシ、子猫
ひろったんだ…
わ〜
ちっちゃいね〜
よかったら…
よろしくね
たまこっ
ミー
うちとみやこはんの縁を
つないでくれはったお人やから
ずっと仲ようしてます。
てえいっ

はー
よーあそんだ
…ところで
みやこ
キラーン
ん？
昨日、仁山さんが
家に来たんでしょ
どうなったの？
別に何も
ないよー
大家さんもいたし～…
女子トークというやつは
長いわ～
昨日は
かくかく
しかじか…
ふんふん
うひゃひゃひゃひゃ
ビクーッ
クスクス
おばあさまって…
ゲラ
ゲラ
もー
やかましわ～
くる
くる
そんなに
笑わないでよっ!!
ごめん
ごめん
そ…
そういえば、猫ってなんで
眠る前にベッドを踏むのかな？
ふぅ…

昔から たまに見せる しぐさだけど・・・
？
寝心地が悪いっていうアピールなのかしら
とらおは やらないけどねー
そういえば、拾ってきた当時もやっていたわ
フミフミしてるねー
ニー
そうなんだ！
どこでもやるってことは、とくにこのベッドが悪いということもないいんじゃない？
だよねっ
ピンポーン
大家さん ありがとうございます
たくさん作ったからどうかと思って
そうだ!!
大家さん こんにちはー
あの…
少しお時間いただけませんか
かまわないわよ
少々伺いたいことがありまして
どうぞどうぞ
はいはい？
猫が眠る前に
フミ フミ フミ フミ
ベッドをフミフミする行動にはどんな意味があるんですか？

一種の入眠儀式ね
フミ フミ フミ
子猫が授乳を促す行動で、リラックスしているとき、甘えたいときにも見せるわ
ベッドメイキングの意味もあるのよ
ほぉぉ〜〜〜
たまこと暮らして猫のこと、わかったつもりでいたけど
いつの間にか人が増えてはる…
ペロ ペロ
まだまだ理解していないことばかりだわ…
……
バッ
大家さん…、私…、たまこのこと、…猫についてもっと知りたいです!
私に猫のことももっと教えてください!
あらあら まあまあ
ガシッ
いつでも疑問があればいらっしゃい
ありがとうございますっ
フフフ
アンタ、ほかにも理由があるんじゃないの?
え? え〜〜っ
へへへ
ウリウリ

なんだか不思議
ベッドにいるときの行動

人間も同じじゃろうけど、ええ睡眠のためには、ええ環境が不可欠です。
そこでベッドを整えたりするんやけど、人間にはその行動が不思議みたいやね

寝る前にベッドをふんづけるのは、気に入らないってこと？

たまこがやっていたように、猫がクッションやベッドの上で、フミフミしている姿を見かけることがよくあります。

ふんづけるという行動からすると、気に入らないアピールに思えますが、一種の入眠儀式で、寝心地がよいようにベッドを整えているだけ。フミフミと同時に、ベッドの上をならすようにグルグルとまわることもあるでしょう。

いっぽうで、1章でもふれたように、前足でモミモミする動作は、赤ちゃん返りをしているときにも見られます。

子猫は母猫のお乳を飲むとき、両前足をおっぱいにかけて姿勢を安定させ、交互に動かします。こうすることでおっぱいが出やすくなることを本能的に知っているからです。

こうした赤ちゃん返りのモミモミは、離乳が終わる前に母猫から離された猫に多く見られます。たまこがフミフミをするのは小さい頃に母猫と離されたからで、いっぽうフミフミをしないとらおは、離乳まで母猫と一緒にいられたからだと考えられます。

ベッドをフミフミではなくガツガツと掘っていたら？

猫のベッドが古くなったので、新しいベッドを用意しました。籐を編んだカゴの中に、ウールの新しい毛布を敷いてあげて完成。

気に入ってくれるかなと飼い主が見守っていたところ、ベッドに入った猫は、なんとカゴをガリガリと引っかき、毛布をガツガツと掘り起こし、あっという間にボロボロに……。猫は新しいベッドを気に入らなかったのでしょうか？

いいえ、猫はベッドをおおいに気に入っているようです。

ただし、それは新しいおもちゃとしてかもしれません。**引っかいたり、掘ったりするのは、ベッドで遊んでいるから**なのです。

籐製のカゴは爪をひっかけるのに最適ですし、ウールは猫のお気に入りのニオイです。ついつい夢中になって遊んでしまったのでしょう。

ガツガツなのかモミモミなのか。ちょっとしたしぐさの違いで、猫の気持ちがわかるというわけです。

機嫌が悪いときも「ゴロゴロ」いうときがある！

猫がベッドでゴロゴロ鳴らしていたら、たいていの飼い主は「満足しているのね」と思うことでしょう。

ですがそれは、本当でしょうか。

猫のゴロゴロは、生後1週間から10日ほどから行なうようになります。年齢、性別、種類に関わらず、どの猫も同じで、周波は25〜50ヘルツ程度と決まっているそうです。

子猫がノドを鳴らすのは、母猫のおっぱいを吸っているときや甘えているとき、幸せなときが大半です。

ですが、**大人の猫同士が出会ったときは、互いを安心させるためだったり、相手の猫の怒りを鎮めるために鳴らす**こともあります。

また、猫は体が弱っているときにもノドを鳴らします。ケガや病気、または大きな不安を抱えていて気力と体力が低下しているとき、自らゴロゴロとノドを鳴らし、「しっかり、しっかり」と自分を励ますのです。

体を縮こませながらノドを鳴らしているときは、よく観察し、場合によっては病院に連れて行くようにしましょう。

なお、ゴロゴロがどこからどのようにして出されているか、そのメカニズムは、わかっていません。声帯の隣にある仮声帯の振動によるとか、血流が器官に共鳴して出るなど諸説ありますが、専門家の中でも意見が分かれており、謎とされています。

「ゴロゴロ」があらわす意味

1

甘えの気持ち

母猫に対して甘えるときと同様に、猫が子猫気分にいるとき、飼い主に対して甘えたい気持ちでノドを鳴らします。

2

敵意がないことを示す

2匹の猫が遭遇したとき、敵意がないことを示す意味でノドを鳴らします。また、ケンカのあと、これ以上争うのはやめようと鳴らすこともあります。

3

自分を励ます

ケガや病気などで弱っているとき、自分自身を励ますためにノドを鳴らすことがあります。満足や甘えのときと違って、体を小さくしているのが特徴です。

4

満足・幸せ

子猫時代、「お乳が十分出ているよ」と母猫に伝えるためにノドを鳴らしていました。それと同様に満ち足りた気分のときにもノドを鳴らします。

千差万別？

寝相の不思議

寝ているときの姿勢は、猫によってえらい違いが出るもんや。性格も関係するけれど、環境や気温なんかでも変わるもんやで

仰向けでお腹丸出し状態は寝相悪すぎ？

猫が寝るときの姿といえば日《にっ》光《こう》東《とう》照《しょう》宮《ぐう》の「眠り猫」のように体を丸めている姿が思い浮かびますね。

ところが、なかには仰向けになって手足を伸ばし、お腹を丸出しにして眠る猫がいます。

無防備そのものといえるこの寝相は、その子がすっかり安心し、幸せ気分で寝ている証拠。

そもそも猫が丸くなって眠るのは、何かあったときにすぐに動けるようにするためです。

一日の大半を寝て過ごすといわれるように、猫はよく眠りますが、いつも完全に熟睡しているわけではなく、周囲に注意を払っている時間も少なくありません。これは野生時代の名残といえます。

ところが、飼い猫として外の世界を知らずに暮らしていると、敵という存在を知らないため、警戒感を持たない猫に育ちます。仰向けで寝ている猫は、それだけ平和な暮らしをしている幸せな猫というわけです。

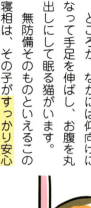

丸くなって眠る。ニャンモナイトのときの気持ちは？

前ページで、体を伸ばして仰向けで寝る猫は、平和で幸せ気分であることを述べました。では、逆に猫が体をぐっと縮め、アンモナイトのような状態（通称ニャンモナイト）で寝ているときはどうでしょう。

この寝相には、気温が関係します。

人間は寒いときに体を縮めて、熱をとじ込めようとします。

これは猫も同じで、目安としては気温が22度以下だと体を丸め、気温が28度以上になると、熱を逃がすために体を伸ばすといわれています。

つまりぐっと丸くなって寝ているときの猫は、なんだか寒いなと感じているわけです。

さらに猫がしっぽをマフラーのようにして体に巻きつけている場合は、かなり寒さを感じている状態だと考えられます。

飼い主と同じポーズで眠る猫なぜおそろいにするの？

飼い主が寝ている横で、一緒に眠る猫。そのポーズを見ると、なんと寝姿が飼い主とそっくり！こんな微笑ましい光景を目にすることがあります。

猫が飼い主と同じポーズで眠るのは、子猫時代の名残です。お乳を飲んだ子猫たちが眠る姿を見ると、ほかの兄弟たちとまったく同じポーズでいることに気がつきます。こうすることで兄弟みんなにおっぱいを飲むスペースが生まれ、また、密着することであたたかさを保ち、安心感が得られるのです。

つまり、猫が飼い主と同じポーズで眠るのは、飼い主を親兄弟のように思い、愛情や親しみを感じているのだと考えられます。

寝相でわかる 猫のキモチ

前のページで紹介したように、うちらの寝相はいろんな要因で変わるんや。ここでは、おもな寝相5パターンを紹介しまっせ

丸くなって眠る通常スタイル

前足の上に頭を乗せて、やや丸くなって眠るこの姿は、もっとも猫らしい寝相といえます。野生時代から見られる、注意を払いながらの睡眠スタイルです。

仰向け お腹丸出しスタイル

急所であるお腹をさらけ出したこの寝相は、心の底から安心しているサイン。飼い主を信頼しきっている超リラックス状態といえます。

香箱座りスタイル

香箱座り自体はすぐに立ち上がれない姿勢のため、警戒心は低いといわれますが、眠るときは別。お腹を守るスタイルから、警戒心が高めの寝相と考えられます。

飼い主と同じポーズ

兄弟猫とぎゅうぎゅうにくっつき合って眠っていた子猫時代の名残で、飼い主を親兄弟のように感じているときの寝相です。

ニャンモナイトスタイル

イラストのように頭をお腹とくっつけるようにして眠る寝相は、猫が寒さを感じているときに見られます。警戒心はやや高めだと考えられます。

ちょっとびっくり!

おやすみ中のしぐさ

うちらが眠っているときや起床前後にする行動は、人間をびっくりさせるようや。不思議に見えるしぐさにも理由があるんですよ

寝ながら「ウニャウニャ」言ったり足を動かしたりしていたら?

眠っている猫が、「ウニャウニャ」と声を出したり、ヒゲや体をピクピク動かしたりすることがあります。

寝ているフリをしているのでしょうか。いえ、このときも猫は眠っています。ただし、このときは浅い眠りだと考えられます。

人間は睡眠中、浅い眠りのレム睡眠と深い眠りのノンレム睡眠を繰り返します。このうち夢を見るのはレム睡眠で、とじたまぶたの下では眼球がクルクル動いているそうです。

猫も人間同様、レム睡眠とノンレム睡眠を繰り返しています。

1日に約15時間を眠って過ごしますが、このうちの12時間がレム睡眠状態だといわれています。

そして人間同様、レム睡眠のときに夢を見るのですが、このとき、寝言のように「ウニャウニャ」言ったり、ヒゲや体をピクピク動かしたりするのです。

ただし、長い時間けいれんしていたり、息が荒いような場合は病気も考えられますので、よく観察してください。

猫の睡眠時間

うたた寝

リラックスした姿勢で眠っていますが、まどろんでいる状態に近く、ちょっとした物音でもすぐに目を覚まします。

ノンレム睡眠

脳と体の両方が休んでいる状態。完全に熟睡しているので、物音がしても、起きないことがあります。

レム睡眠

体が休み、脳が起きている状態です。夢を見ていると考えられます。寝言を言うこともあります。

起きたばかりなのに大あくび!? まだ眠いの?

1日の大半を寝て過ごしているように思える猫。実際に猫は1日の3分の2くらいの時間を眠って過ごすわけですから、飼い主から見れば、睡眠時間は十分だろうと思うでしょう。

そんなにたくさん寝ているのに、起きたばかりの猫が体をグーンと伸ばしたあとで大あくびをする姿が見られます。

それを見ると、「まだ眠いの?」と、少しあきれてしまうかもしれませんね。

ですが、猫が起きたときにする大あくびは、寝足りないよ、まだ眠いよのサインではありません。眠りから覚めた猫が、「さあ、活動を開始するぞ!」と準備をしているのです。

人間があくびをするのは、口を大きくあけることでたくさん酸素をとり込み、脳を活性化させるためといわれています。つまり、本来あくびとは眠いからするのではなく、目覚めさせるためにするのです。

猫もこれと同じで、酸素をたくさんとり込んで、気合いを入れているというわけです。

夜中になると起き上がって走り回る猫! どうしちゃった?

夜も遅くなり、さて寝ようかとベッドに入ってウトウトしていると、片隅で眠っていた猫が突然起き上がり、猛ダッシュ!

あちこち駆け回ったかと思うと、家具から家具へと飛び移り、カーテンにジャンプ……と大騒ぎを始めました。

まるで運動会でもはじまったかのようなこの行

動は、かなり頻繁に見られます。

野生時代の猫は、昼間眠って体力を温存し、夜になると起き上がり、狩りをしました。

暗くても不自由なく行動できる目を持っているためで、反対に、獲物である鳥やネズミは、猫ほど夜目が利かず、狩りの成功率がアップするからです。

活動を開始するのは真夜中で、この時間になると、猫は野生時代の本能がうずいてじっとしていられなくなります。

そこで突然、真夜中の大運動会を始めてしまうというわけです。

狩りをしない現在において走り回る猫は、野生時代の習性が残っているのはもちろん、いざというときに備えてトレーニングをしている、または、ありあまったエネルギーを発散しようとしているのかもしれません。

運動自体は、20分ほどで終わり、猫は何もなかったかのような顔をしてまた眠りにつきます。

種類が変われば性格も変わる!

猫種別性格診断 3

ラグドール

ラグドールという名前は、「ぬいぐるみ」という意味。ふかふかとした被毛と、抱き上げたときに力を抜いて身を任せる姿から、この名がつきました。誕生は1960年代と比較的最近で、ペルシャとバーマンを交配させた子に、バーミーズを交配して生まれたといわれています。

大型で筋肉質な猫ですが、その性格はというと、おおらかでとても優しく、おっとりとしています。飼い主に対しても従順で、しつけも楽。おっとりが過ぎて少々鈍いところがあるので、遊んでいるときはケガがないよう飼い主が注意してあげてください。

遊ぶのも好きですが、大人しい性格のため、飼い主さんにだっこをされてのんびり過ごす時間を好みます。もちろん、人間のほうは、その抱き心地に夢中になることは間違いありません。

抜け毛が多く、毎日のケアが必要ですが、それさえできれば、はじめての人でも十分飼うことができるでしょう。

毛色のパターンは、おもにカラーポイント(顔、手足、しっぽだけ色が異なる)、ミテッド(カラーポイントに加えお腹に模様)、バイカラー(鼻回りから口元がホワイト)の3種があります。

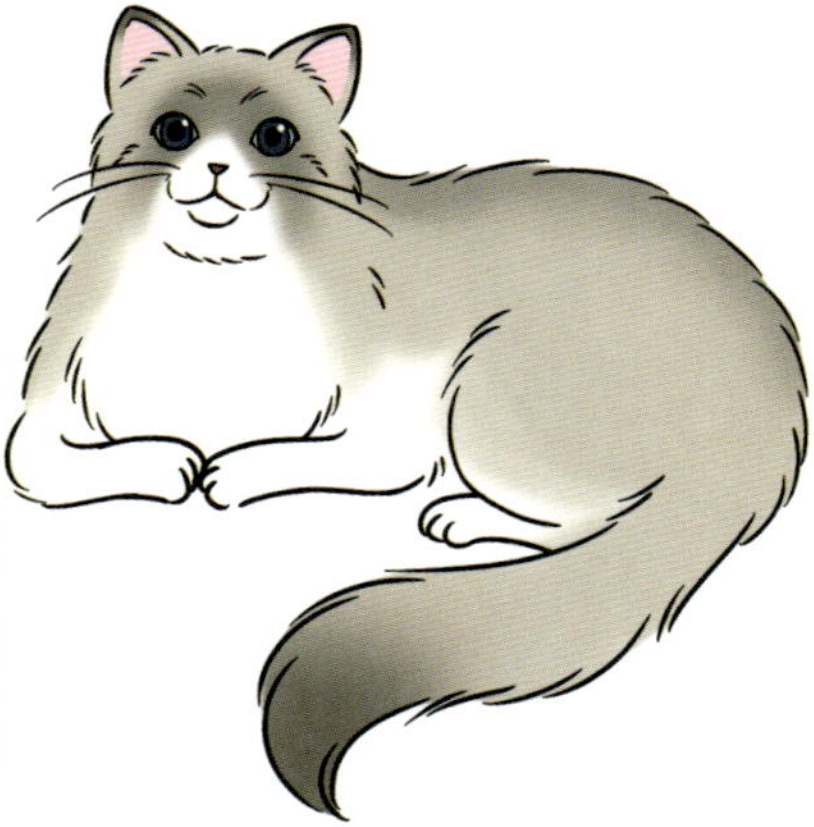

ラグドールの平均体重は、オスで5〜7kg、メスで4〜5kg程度。猫の中では大型になり、10kgを超える子もいます。

4章

おトイレ時に見られるしぐさ

じゃー たまこ 行ってくるねー
はいはい おはよう おかえりやす
ん——— 今朝もあわただしかったわ——
ぐぐ…っ
でも、最近のみやこはんは慌ただしいだけやのうて
何や知らへんけど少々浮かれとるようですわ。
フ… 春かしらねー
広報課
〇〇トイ・ファクトリー
はい
キミと仁山くんでA社、僕らでB社を訪問するからね
ROBUU
仁山先輩が同じグループに配属になるなんて
外回りも一緒でラッキー♡
新作、プッシュしてもらえるようにがんばろうね！
はい！
コチラ、試作品のユーザー評価も高く…
キリッ
ペラペラ
ほほー なかなか面白いね
はい！
手応えあったね！
仕事も出来て先輩ステキ…♡
はあああっ
ガサガサッ…
?
わ～猫ちゃ～ん♡
かわい～
セ…センパイ…
パシャ
パシャ
パシャ
こっち向いて
あっ！まってねこちゃ～ん
ビャーッ
何にゃこいつは

雑貨屋店頭にて
フカフカ クッション
この感触 猫っぽい…♡
リサーチに訪れた おもちゃ売り場にて
また猫グッズを買うつもりだわ…
わー これいいなあ 買っちゃお～
ネコネコフェア
それにしても仁山先輩の猫愛はとてつもないわ～…
Book Store
けど…そこまでの猫好きだったら きっとうまくいくはずよね！
アハハハッ
ウフフフ♡
たまこと一緒に…ラブラブ…
ねこの生態
もっと勉強するぞ！
よし！
くらしと猫
たまこ～ ただいま！
ニャーー
おかえりやす～
よかった 今日は完食♪
カリ カリ カリ
ふむ ふむ…
ごちそうさ～ん
スタスタ
さっそく食後のトイレね
う～ん
プル プル

へ？
ぐしゃ
ぐしゃー
バヒューン
ガシーーッ
ダダダダ
ダダダダダ
ええっ?!
えっ
ひぇ〜〜〜っ
たまこどうしたの〜っ?!
どっ…どっ…
どーしよー
ガシャーン
バシャー
ドーン
たまこーー
まちなさーい
スカッ
くっ…
速すぎる…
フー
でんわだね
でんわですな
でんわか？
RRRRR
はい
仁山で
ござ…
大家さん！たまこが！
たまこが大変なんです！
あらあら
まあまあ…
大家さま〜〜ーん
ごちゃあ〜…

あれね…
たまこ…
病気ですか!?
ポロ…
落ちついて! しばらくすると、自然にやめるわよ
あー スッキリした
ペロ ペロ
あっ あれっ…?! ホントだっ!!!
さっきまでのあばれっぷりは何…??
これを見るのははじめて?
はい
たまちゃんは**トイレハイの状態**だったのよ
そう…トイレに行ったと思ったら、急に走り出して…
用を足したあとがあるわね
猫がトイレをした後、猛ダッシュで逃げるのは、危険を回避しようという本能的な行動だと考えられるわ
野生時代の猫にとって、トイレの時間は危険だったの
●自分より大きな動物に襲われるかもしれない
う〜ん
周りに敵はいないかな…
●においの元から早く離れて身を守る
ババッ
砂かけも身を守るため
いそげ〜っ
その頃の習性に基づく行動なのよ
他にも、うんちを済ませた達成感からハイになるという説
排便によって交感神経と副交感神経のスイッチが切り替わるからという説
諸説あるわ
ホホホ
走るのには理由がありますのやー
へぇ〜
そういえば…
会社から帰宅したとき、たまに部屋が荒れていたことが…
え〜っ 何コレ…
もしかしてあれも…
何か??

なんとも不思議

排泄前後の行動

うちらはおトイレのときに、一番本能が出るもんかもしれへん。野生時代の名残が、人間からはけったいな行動と見られるみたいや……

トイレのあとにやたらハイになるのは、いったいなぜ？

トイレを済ませたたまこが部屋の中を駆け回ってみやこさんを呆然とさせていたように、猫のこの奇妙な行動に驚いたことのある飼い主は多いでしょう。

排泄行為のうち、とくにウンチ後に見られるこの行動、猫がやたらとハイになる理由は、いくつか考えられます。

ひとつめは、達成感。野生時代の猫は、森の片すみでウンチをしていました。トイレの時間は無防備そのものですから、いつ敵に襲われるかわかりません。それだけに、無事に用足しが終わると、安心感からハイになってしまうのだと考えられます。

そのほかにも、強いニオイを発するウンチから素早く離れて安全な場所に移動しようと、猛ダッシュするという説、ウンチをすることで交感神経と副交感神経のスイッチが入れ替わるという説もあります。

いずれにせよ、外敵の心配がない現在のトイレであっても、野生時代の習性から、走り回ってしまうのです。

ウンチのあとにどうしてハイになるの？

早く離れたい

猫のウンチはニオイが強烈。そのため、敵が来る前に「ニオイのもとから離れたい」という気持ちで走るのだといわれています。

達成感

危険な時間である排泄を済ませた達成感からハイになるという説。「やったぜ！」という気持ちから大騒ぎするのだと考えられます。

スイッチの切り替え

排泄で、交感神経と副交感神経のスイッチが切り替わり、ハイになるという説。実際に切り替わるかはわかっていません。

早く巣に戻りたい

「安全な巣穴に一刻も早く戻りたい」という気持ちからダッシュするという説。危険回避のためだと考えられます。

用を足したあと砂かけをするのは、キレイ好きだから？

猫はトイレを済ませると、上から砂をかけて、排泄物を隠そうとしますね。

猫がキレイ好きだと言われる理由のひとつにあげられる行動ですが、じつはキレイ好きというよりは、砂をかけることで少しでもニオイを消したいというのが本音です。

野生時代の猫は、待ちぶせスタイルで狩りをしていました。このとき、ニオイの強い排泄物が近くにあっては、狩りをするのに不都合です。そのため、自分の存在をできる限り消そうと、上から砂をかけていたのです。

狩りをしなくなった今、砂かけをしない猫も増えているといいます。

ある統計によれば、現代の家猫で砂かけをするのは、6割程度だそうです。また、砂かけはするけれど、排泄物にほとんど砂がかかっていない、いい加減な猫も多いよう。これは、長く飼い猫として暮らしているうちに、ニオイを消すことに無頓着になってきたからだと考えられています。

猫の場合

できるだけ自分のニオイを消すための行動。埋め戻すことで「ここには誰もいません」ということにしたいのです。

犬の場合

自己アピールのため。排泄物を隠したいのではなく、砂をけることで自分のニオイを広げようとしています。

おしっこなどのニオイをかぐとポカンとするのは？

自分の発するニオイはせっせと消そうとする猫ですが、情報収集のため、ほかの猫や人間のニオイをかぎとろうとします。

この情報収集時、猫が口を半開きにしてポカンとする表情をうかべることがあります。

そのちょっとおまぬけな姿に、思わず笑ってしまいますが、これは「フレーメン反応」と呼ばれています。

猫のフレーメン反応は、オス猫のマーキングのニオイをかいで、仲間かどうか確かめるとき、また、繁殖期を迎えた猫が、相手の発情状態を確かめるときに見られます。

おまぬけな表情になるのは、猫の上あごの上部にあるヤコブソン器官（鋤鼻《じょび》器官）という嗅覚組織で、相手の性フェロモンや尿を感知し、分析するため。

つまり、猫はニオイの発信者の情報を分析している状態なのです。

フレーメン反応は、猫の尿のほかに、仕事から帰って来たお父さんの靴下など、いかにもニオイがしそうなものをかいだときにも見られます。これもまた、「誰のニオイなのか」「どういう相手なのか」調べようとしているのです。

さんざんかがれるほうは複雑な気持ちになりますが、猫にとっては仕事のひとつなのだと、理解してあげてくださいね。

困ってしまう！ トイレの失敗

うちらは一度トイレの場所を覚えると、めったなことで失敗はしまへん。粗相するのは人間側に原因があるからでっせ

オス猫があちこちにおしっこをまき散らすのはなぜ？

子猫のうちにちゃんとトイレを覚えて以来、粗相をすることがなかった猫が、成長とともに、部屋のあちこちでおしっこをまき散らすようになることがあります。

これは、オス猫に見られる「スプレー行動」。スプレー行動は**自分のテリトリーを主張するために行なうもので、排泄のためのおしっことは異なります。**

普通のおしっことの違いは、そのやり方にあらわれます。おしっこは座った状態でしますが、スプレーは立ったままお尻としっぽを高く上げて行なうのです。スプレーで出すおしっこは1回約2㎖と少ないですが、ニオイは強烈。

お尻を高く上げるのは、できるだけ高い場所に自分のニオイをつけることで、自分が強くて大きな存在であることを、周囲の猫にアピールしているのです。

この行為には、メス猫の気をひくためという理由もあります。

つまり、猫が思春期を迎えて生殖能力が備わったことの証明でもあるわけです。

マーキングをして縄張りを主張！

マーキングは、自分の大きさや強さをアピールするためのもの。そのため、自分を大きく見せるべく、木など垂直なものに対して、できるだけ高い位置に行ないます。スプレーのほか、爪とぎもマーキングの一種です。

マーキングされた場所にやって来た別の猫は、残された痕跡から、そこにいた猫が強いかどうか、確認します。マーキングが高い位置にあるほど、大きく強い相手だと判断します。

しつけができていたのに、粗相をするようになったのはなぜ？

猫は決まった場所で排泄する習慣があります。そのため、一度覚えてしまえばスプレー行為を除いて粗相をすることは、まずありません。

それなのに、トイレ以外の場所でおしっこやウンチをするようになったら、その猫は何か不満を抱えている可能性があります。

叱る前にまず、何に対して不満を持っているか、確認しましょう。

トイレは汚れていませんか？　しょっちゅう誰かが通るような落ち着かない場所にトイレを移動しませんでしたか？　最近、砂を変えませんでしたか？

人間にとって「小さいこと」でも、猫にとっては大きなストレスになる場合があります。トイレは清潔を保ち、人目がなく落ち着ける場所に置くこと。また、砂を変える場合は、前の砂と少しずつ混ぜ合わせ、慣れさせるようにします。

また、飼い主にあまりかまってもらえなくなった猫が、抗議のためにわざと粗相をするケースもあります。

こうした原因がないかを探り、ストレスの種をとり除いてあげれば、粗相はなくなるでしょう。

思い当たる原因がなく、粗相をする場合は、大腸や泌尿器などの病気の可能性があります。よく観察して、様子がおかしいようなら病院に連れて行くことです。

トイレの失敗には理由がある！

トイレが気に入らない

サイズが合わない、設置場所が気に入らないなど、猫にとって落ち着かないトイレだと、猫はストレスを覚え、使わなくなります。

トイレが汚れている

猫は汚れたトイレを嫌います。排泄物をとり除かなかったり、同じ砂をずっと使っていると、敬遠するようになります。

トイレが変わった

変化を嫌う猫のこと、今まで使っていたトイレや砂がいきなり変わると、戸惑って使わなくなります。変える場合は徐々に行なうことです。

不満がある

かまってもらえていない、家具の配置が変わったなど、猫がストレスを感じる出来事があると、抗議のために、わざと粗相をします。

種類が変われば性格も変わる！

猫種別性格診断 4

アメリカンショートヘア

シマシマ模様が特徴のアメリカンショートヘアは、およそ 400 年前、ネズミやヘビなどの害虫駆除のために飼育された猫が起源とされています。

そのため、日本では「アメショー」という愛称で呼ばれますが、アメリカでは「マウサー（ネズミとり）」と呼ばれています。

アメリカンショートヘアは、「もっとも猫らしい猫」といえます。狩猟本能が強く、好奇心旺盛。おもちゃで遊ばせるとすぐに本気になります。また、陽気で自由奔放なので、見ているだけで楽しめます。

人にもよくなつきますが、一点気をつけたいのが、ほかの猫種に比べてだっこ嫌いが多いということ。抱き上げても、ひょいっと逃げてしまいます。触れ合うときは、無理に抱き上げずに、なでるだけにするか、膝の上に乗せる程度にとどめることです。

アメリカンショートヘアの平均体重は、オスで4〜7kg、メスで3〜6kg程度。一般的な猫のサイズといえます。

銀灰色のクラシックタビーがスタンダードな毛色ですが、そのほかにも、ブラックやホワイト、クリーム、レッド、ブルーなど多彩で、かつソリッドカラーやバイカラーもあります。

5章

遊びのなかで見られるしぐさ

今日は大家さんとこのみなさんがおみえどす。
ちは〜
おす
にゃ
あら兄さんがた久しぶりやなあ
にゃ〜
おお たま坊！元気そうだな
久しぶり〜
にゃ〜
大きくなったなあ
うな〜
こんにちは〜
おまけにけったいなあの御方も…。
わっ 先輩 なんですかその大荷物
いっぱいあそぶぞ——!!!
猫のおやつとおもちゃたくさん持って来ちゃった
うひゃ〜
にゃ〜
今日は三兄弟も一緒だからたまこもリラックスしてるみたいですよ！
まったり…
キュウン…
たまちゃん…♡
やっぱりかわいい
一雄…わかってるわね？
自制よ自制。
う…わかってるさ
見つめすぎないっ
お、お二人ともお茶でも飲んでひと息ついてください…
うずうず…
うんうん
おいしいお紅茶ね〜
わちゃ
わちゃ
ちょ…ちょっとだけ…
まあしんぼうのできない子だねー
こそっ…

わくわく
ヒラ
ヒラ
へ?!
ヒラッ
ちらっ
フンっ
ガーン
は…鼻で笑われた?
一郎くん…
興味ないって言ってるみたい
にゃー
みやこちゃん大当たり!
えっ
にゃー
こんなふうに猫が鼻を鳴らしたり視線をそらしたりするのは、
遊びたい気分じゃないとか、動かし方が下手だっていうアピールね
フンッ
鼻で笑っているのではなく、ひげを動かしている
ちょっやめて
ふいっ
猫は、かまってほしいときにかまってくれないとすねるけど、
にゃ あそぼ
あとでねー
フンっ もうよろしおすっ
さっきはごめんねー
あそぼっ
今はそんな気分じゃおまへん
フンっ
かまってほしくないときにかまわれると、より強くストレスを感じるのよ

気分じゃないという反応を見せた場合は、無理に遊びに誘わないこと！
ビシッ
はい……
しゅん…
…ま　やるんだったらもっと
スチャッ
こう緩急をつけて！
しゅばっ
ひゅる
ゆっくりー
ひゅる　ひゅる
しゅぱっ
そして速く!!
わーーっ
たたたたたーーっ
わく
わく
わく　わく
キラーーン
ハッ…
先輩…？
な……
虫や鳥など、動物の動きをマネて
ひらり
ひらり
カサカサと音の出るものを使って
カシャ
カシャ
ものかげからチラリとのぞかせて
他にも猫の興味を引く色々なコツがあるわよ
すごい！

わあっ
なんで僕の愛を受け止めてくれないんだー
ばあちゃん…
一雄も…好きだ好きだと愛情を押し付けるばかりじゃなく
カズ坊はあいかわらずさわがしーなー
みやこちゃんのように猫の習性を知る努力をなさい
緩急
こうかな？
僕は…愛する猫たちのことを知る努力もせず…何て傲慢なことを…
うっ
ズーーン
ズーン
どーした
どーした
あのままにしていていいんですか？
いいのよ、自分でよく考えることが大切なの
いつのまにか猫が集まってる…
ばっ
ビクッ
ばっ
みやこちゃん！
一緒に…勉強させてもらっていいかな
パシ
は…
はいっ
ぜひ！
ぶん
ぶん
先輩といっしょにいられる時間が増えるなんて、うれしすぎます！
ポロッ
え…
あらまあ
あ、すみません。えっと、あの…
まったく…

遊びで見られる 猫の不思議な動作

基本マイペースなうちらかて、遊びとなると本気になんねん。じゃらし上手な飼い主はんだと、本能がグイグイ刺激されます

遊びに誘ったときに鼻を鳴らすのは、拒否ってこと?

いつもは遊びに誘うと喜んで気合いを入れる猫だけど、おもちゃを目の前でヒラヒラさせたところ、興味なしとばかりに、フンと鼻であしらわれた！　こんな経験がある飼い主も多いのでは。

まるでバカにされたように感じますね。ですが、猫に悪気はありません。ただ、遊びたい気分ではなかったのでしょう。

猫が鼻で笑ったように見えたのは、下げていたヒゲを瞬間的に動かしたり、鼻を「フンッ」と鳴らしたりしたからで、こういう反応をするときの猫は疲れていたり、眠かったりすることが多いようです。

翻訳するなら、「今は気分じゃないから、あとでね」といったところでしょう。

猫は、かまってほしいときにかまってくれないとストレスを感じますが、かまってほしくないときにかまわれるほうが、より強くストレスを感じます。

仁山さんは遊べず残念がっていましたが、気分屋と割り切ってつき合うのが、人間の務めかもしれませんね。

夢中で遊んでいたはずなのに、急にあくび。あきたの？

猫はひとり遊びがとっても上手。おもちゃを転がして追いかけたり、カーテンのすそにじゃれついたり、袋や箱に出たり入ったりと、無邪気に遊ぶ姿はかわいらしいものです。

そんな猫が、突然動きを止めたかと思うと、ファーッと大あくびをしました。これは「もうあきた」という合図なのでしょうか。

いいえ、猫はまだまだ遊ぶ気満々。あくびはあきたのではなく、気合いを入れ直したサインです。

目覚めたばかりの猫が、体を大きく伸ばしてあくびをするのは、眠いからではなく、「やるぞ！」とばかりにむしろ気合いを入れるサインと前述しました。

遊びの途中にするあくびもそれと同じで、酸素を脳に送り込み、気合いを入れるための動作だと考えられます。

つまり、あくびは本腰を入れた証拠。猫はやる気まんまんの状態ですから、見ているだけでなく、遊びに参戦してみては？

遊んでいるときにお尻を振るのはどうして？

猫と遊んでいるときによく目にするのが、お尻を振る動作。じつはこれ、ハンティングの準備に入ったというサインなのです。

ネコは狩りをするとき、低い姿勢でお尻を振り、さらに後ろ足を小さく動かしながら、ジャンプする方向やタイミング、距離感などをはかります。

ネコの狩りは、むやみに敵を追いかけるスタイルではなく、うずくまって身を隠し、敵を十分に引きつけてから一気に飛びかかって決着をつけます。この絶妙なタイミングをはかっているというわけです。

このとき、しっぽも一緒になって動きます。これもタイミングをとるためのしぐさなのですが、獲物に飛びかかる前にしっぽを振るのは、飛びかかろうかどうしようかという迷いの気持ちも含まれているとも考えられます。

獲物を見つめて頭を振ることもあるけれど、気に入らないってこと？

猫は遊び（狩り）のときに、お尻ではなく頭を振ることもあります。

これもまた、狩りを成功させるためのテクニックのひとつ。

左図のように、猫の視野は両目で約１２０度。このうち、左目と右目で見ている情報にはズレがあります。そのズレを頭を振ることで奥行き情報に変換し、目標との距離感をはかるといわれています。

また、頭を振ることで視野自体を広くし、目標だけでなく、周囲の情報を得ようとする意味もあるようです。

獲物が獲れなければ生きていくことができなかった野生時代、確実に仕止めるために、全身を使って獲物への距離やタイミングをはかっていた名残というわけです。

どうして獲物を見ると頭を振るの？

ネコの視野は両目で120度。全体視野は約250度といわれています

人も猫も、物を目で追うとき、左右の目が一緒に動きます。しかし、左右の目の位置が異なるため、右目と左目で少しずれた画像が映ります。

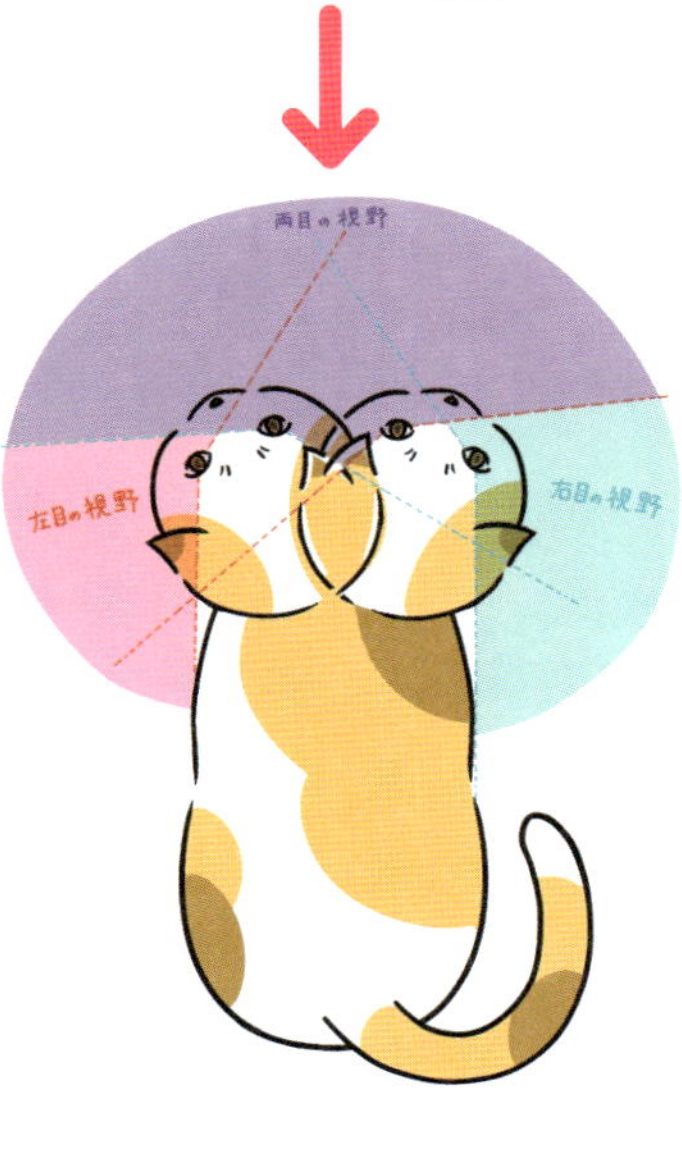

頭を振ることで視野を広げる意味もあります

頭を振ることで、ズレ（両眼視差）具合を奥行き情報として脳で処理します。こうすることで距離感がはかりやすくなるといいます。

食べ物でもないのに、おもちゃを見て舌なめずりするのはなぜ？

遊びに来た猫好きの友人が、飼い猫におもちゃを買ってきてくれました。

「はい、おみやげだよ〜」と言いながら、猫の前でおもちゃをヒラヒラと動かしたところ、じっと見ていた猫が、舌を出して、口の回りをペロリ……。

ですが、そのまま動こうとせず、しばらくして目をそらしました。これは、どういうことでしょう。

この場合の舌なめずりは、猫が遊ぼうかどうしようか、迷っている合図だと考えられます。

おもちゃには飛びかかりたい、でも、そのおもちゃを持っている人は、よく知らない人だから、安心できない。でも、飛びかかりたい……と葛藤しているしぐさです。

猫は、**抑えがたい衝動と危険信号を同時に感じて迷ったとき、舌を出して口や鼻をなめることがあります。**

また、普段じゃれてはいけないといわれているスリッパを見て、遊びたいけど叱られるのはイヤ。でも遊びたい……と迷っているときや、高い場所から飛び降りるとき、はじめて見る食べ物を前にしたときなどにも、同じしぐさが見られます。

獲物をくわえて激しく振る。いたぶるようなことをするのはどうして？

ベランダで洗濯物を干していたところ、窓からセミが部屋の中に飛び込んできました。

その途端、寝ていたはずの猫がむくりと起き上がり、見事にセミをしとめました。

思わずとり上げようとしたところ、なんと猫はセミをくわえて激しく振ったり、前足で転がしたりと、獲物をいたぶるような行動をとるではありませんか！

あまりに残酷なふるまいに、飼い主としてはショックを覚えるかもしれませんね。

野生の猫は、獲物に逃げられまいと、捕まえたら、ひと息でとどめをさします。ところが、満ち足りた生活を送っている飼い猫は、獲物という認識がありません。

そのため、ひと息に殺さず、獲物が死ぬまでの時間を楽しもうとするのです。

また、子猫時代に獲物の殺し方を学んでいなかったために、扱いに困っている可能性もあります。本能的に捕まえてみたものの、その後どうしたらいいのかわからず、もてあそんでいるのだと考えられます。

本音がわかる
猫の表情の変化

うちらの目は人間や犬とは違って、まぁるくなったり、糸みたいに細くなったりくるくると変わる。その変化から気持ちも読めんねんで

おもちゃを振っても見ているだけ。興味ないってこと？

ペットショップで見つけた新しいおもちゃを買った日。さっそく猫の前に出して振ってみましたが、猫はただじーっと見ているだけで、まったく動こうとしない……。こんな反応をとられたら、興味がないのかなと思ってしまいますね。

ですが、本当でしょうか？

猫が見ているということは、それだけで興味を示している可能性があります。前述したように、猫は待ち伏せして獲物を捕まえるのが常ですから、獲物をじっと見つめることは狩り（遊び）のスタートを意味します。

ここで、猫の目に注目してください。瞳孔が細くなっていたら、これはかなり気に入ったサインと考えていいでしょう。瞳孔を細めるのは、攻めモードに入ったサイン。獲物に飛びかかるチャンスをうかがっているのでしょう。それだけ、闘志を燃やしているのだと考えられます。

ただし、視線すら合わせようとしていなければ、興味を持っていない証拠。一度動かし方を変えてみて、それでも反応がないようなら、そのおもちゃはあきらめたほうがいいかもしれません。

瞳からわかる猫のキモチ

中くらいになっている

細くもなく丸くもなく、楕円になっているときは、気持ちがおだやかなとき。通常時の猫の瞳です。

きゅっと細くなっている

瞳孔が細くなったら、焦点を合わせた状態です。好奇心があり、ハンターとしての血が騒いでいるのでしょう。

まぁるくなっている

クワッと瞳孔が開くのは、びっくりしたときか、獲物を見つけて期待感が高まっているときです。瞬間的なら期待感、開きっぱなしは恐怖感あり。

半目になっている

目が三日月のように細められ、目頭から瞬膜（保護膜）が出ていたら、満足しているとき。お腹いっぱいのときや眠いときに見られます。

種類が変われば性格も変わる！

猫種別性格診断 5

ロシアンブルー

まるでベルベッドのような密でやわらかなブルーの被毛が魅力的なロシアンブルー。この猫は名前の通りロシア生まれで、ロシアの貴族から愛されてきた歴史があります。

ロシアンブルーは、人見知りでシャイな性格です。飼い主以外にはなかなか懐かず、警戒心を解きません。いっぽうで、飼い主と認めた相手には献身的な愛情を示します。それゆえ、「ツンデレ」と呼ばれることもしばしば。

また、ロシアンブルーはほとんど鳴くことがありません。「ボイスレスキャット」とも呼ばれ、もの静かなたちふるまいが特徴です。そうしたことから、アパートやマンションなど集合住宅に暮らす家庭に適した猫といえるでしょう。

ただし、静かな性格とはいっても、運動は大好きなので、遊び相手をたっぷりしてあげることが大切です。

ロシアンブルーの平均体重は、オスで4.5～5.5kg、メスで2.5～4kg程度。一般的な猫からすると、少し軽めです。

毛色の種類は、1色しか存在しません。ロシアンブルーだけに見られる「ブルー」と呼ばれる灰色の毛のみ。光の加減で銀色に輝いてみえる美しい被毛です。

6章

ひとりでいるときに見られるしぐさ

数日後
みっ…みやこっ
ちょっと聞いた?
何の話?
ひそっ
仁山さん、だれかと同居しているみたい
ぐしゃ
この前、課長が飲みに誘ったら、『同居人が待っているんで』って断ったらしいの
…みやこ大丈夫?
……
この前言っていた「事情」ってそういうことだったの…
今週末大家さんと先輩のおウチに行ってもいいですか?
いや～今週はちょっと事情があって～ごめん～
みやこっしっかり!
ずぼー
新商品用のポスター発注かけといてね!
あと、これ倉庫までおねがいね～かるいから
わかりました
…
トボトボ…
仁山先輩に…同居人……
キミの手料理…サイコー!
フフフ
ハハハハッ
ウフフ
はあ…
みやこちゃん
半分もつよ
ギョッ
ひょい
明日もばあちゃんの猫レッスンを受けたいんだけど
行っていいかな
ボソ
でも、彼女さんが怒るんじゃないですか?
ズーーーン
同居人の方がいるって聞きました…
は?

ああ！
じゃあ、明日そいつを連れていくよ
たのむよっ!!
は…い
翌日ーー
今日は会社はお休みだというのにみやこはんは朝から大忙しや。
ザッ
ザーー
午後から仁山の兄さん来はるいうてましたっけ？…なのに
きのうからえらいごきげんななめやなーー
……
なんで私が彼女さんと顔を合わせないといけないの
どんな神経してるのかしら
ブツブツ
ザッ
ザッ
猫のことを知る努力だけじゃなくて、女心を知る努力もしろって感じよ
ねーー
たまこもそう思うでしょーー？
ガシッ
ぐふ
もーかなわんわ
ひょい
スタ
スタ
ちょっとたまこ、無視しないでよ
あーやかまし…
ふぅ
じーー
もう
カカカカカカ
何？
外に出たいっていうアピールかな？
私…たまこにまで見放されちゃったのかしら…
しょぼん…

それにしても…
すごく集中してるみたい
じーー
こういう時こそ調べないとね！
カタカタ
室内猫として育った猫は、外への憧れがない。よって外を見ていても、出たいというアピールではない
ここがボクの家
ふむふむ…
自分の縄張りが荒されていないかをチェックしているだけ
はーー
よかった…
外に出たいアピールじゃなかったのね
じー
窓から外を眺める目的は、ほぼ縄張りの監視
家の中はボクの縄張りさ
外との接点である窓が自分の縄張りとの境界線になる
ギラ
窓から不審な侵入者がないか見張っている
猫は縄張り意識の強い動物で、その範囲内で暮らす
室内ネコ
おウチの中が私の縄張りよ
この庭はオイラの縄張りだぜ
ソトネコ
快適な縄張りの条件
ごはんがある
いつもまんぞくですにゃ
安全な寝場所が確保されている
敵もいないし安心して眠れるにゃ
完全室内暮らしの猫にとっての縄張りである室内はその条件を十分に満たしているため、外に出ないことを不自由だとは感じない
なるほどねー

ただし、外の世界を知ってしまうと話は別
あまりオススメできない
わー めずらしいモノいっぱい 面白いにゃー
お外でおさんぽー♪
わくわく
一度、外の世界を知ってしまうと、出たがることがある。
また出たいにゃー
たまには外の空気吸おうか!
ニャー
自然の風を入れるにとどめる
また、室内と屋外を自由に出入りする猫を室内飼育に切り替えるのは、かなり難しい
オレの縄張りは広いぜ〜
お引越
NEW
あれっ? オレの縄張り…イチから?
どうしても室内飼育に切り替えたいなら猫が知らない土地に引っ越しをして、猫の縄張りを一度リセットする
うーむ…猫のこと、知れば知るほど奥深いわ…
たーまこ
にゃう?
何ですのん? みやこはん
ほ
にゃー
何か面白いものがあった?
ぴょこ
ガチャ

猫が大好き
窓辺で見られる行動

うちらが家の中で好きな場所のひとつが窓辺。ぬくいし、外の観察もできるしな。
外に出たいわけとは違うんよ

外を見つめ、「カカカカ」と言っているのは、外に出たいってこと？

室内飼いの猫が窓から外をじっと眺める後ろ姿を見て、みやこさんのように、「外に出たい」アピールだと思ったことのある飼い主は少なくないでしょう。

ですが、マンガで解説したように、子猫のときから室内で飼われている猫には、外に出たいという気持ちはありません。では、なぜ外を眺めたがるのか。それは、自分の縄張りを荒らす者がいないか見張っているのです。

また、ときどき窓の外を眺めながら「カカカカ」と喉の奥を鳴らすようなかすれた鳴き方をすることがあります。

これは窓の外で見つけた鳥にハンター魂を揺さぶられ、「これから捕まえに行くからな」と独り言をつぶやいているのでしょう。だからといって本当に狩りに行こうとは考えておらず、狩りをイメージして楽しんでいるのです。

そもそも猫は環

境の変化を嫌いますから、縄張りの外に出ることのほうがストレスに感じます。

室内飼いは、外に出られなくて可哀想だと考える必要はありません。

ただ、一度外の世界の楽しさを知ってしまった猫は、閉じ込めようとしても脱出するようになります。室内飼育をする場合は、外に出さないように注意することです。

ジャンプに失敗した猫が、なぜか毛づくろいを始めたけど？

猫はよく、窓辺からタンスへ、タンスからソファへと身軽に飛び移ります。

今日も愛猫がしなやかなバネを使ってジャンプをしたところ、目測をあやまったのか、なんと失敗！　足を踏みはずして落ちそうになった姿は、なんとも滑稽です。そのとき、当の本人はというと、なぜか熱心に毛づくろいを始めたではありませんか。

唐突にも見えるこの行動、じつはこれ、猫が失敗を恥ずかしく思っていて、その恥ずかしさをごまかそうとしているのです。

普段見られるグルーミングは、自分の被毛をキレイに保つためのお手入れですが、この場合の毛づくろいは「転《てん》位《い》行《こう》動《どう》」のひとつで、照れ隠しのようなものだと考えられます。

ジャンプの失敗のほかに、遊んでいるとき、おもちゃを捕まえようとして狙いをはずしたときなどにも照れ隠しの毛づくろいは見られます。

こういうときは笑ったりせず、そっとしておいてあげるのが優しさというもの。猫だって恥ずかしさを覚えることはあるのです。

飼い主に声をかけられた猫がしっぽを振った。機嫌が悪い？

窓辺で熱心に外を眺めている猫。名前を呼んだところ、完全に無視……と思ったけれど、よく見ると、しっぽがゆったりと横に振られていました。猫がしっぽを振るのは機嫌が悪いサインと前述しましたが、この場合は違います。飼い主の呼びかけに対して、「はいはい、聞こえていますよ」と返事をしているのです。

ただ、ちょっぴり気のないように見えるこの返事は、ほかのことに興味があったり、飼い主に近寄る気分ではないときに見られます。

友好的な気分ではあるけれど今は忙しいから、とりあえず返事だけはしておこうといったところでしょうか。

しっぽがない猫やボブテイルの猫の場合は、実際にはないしっぽを振ろうとするので、お尻を振っているように見えます。

また長く飼い主と暮らしている猫のなかには、「この場面で飼い主さんの近くにいっても、とくにいいことはないな」と学習して、しっぽの返事で済ませようとする子もいます。

「ただ名前を呼んでみただけ」を繰り返していると、しっぽだけの返事が増えてしまうかもしれませんよ！

何度言っても言うことを聞かないのはどうして？

夕方、キッチンで忙しく動いていたところ、ゴトンという音が聞こえました。リビングのほうに目を向ければ、キャビネットの上に置いてあった小さな置物が落ちているではありませんか！

キャビネットに乗ってはダメといつも言い聞かせているのに、やめないということは、猫には学習能力がないのでしょうか？

いいえ、猫は現行犯で叱れば、ちゃんと理解します。ですが、何度叱っても同じことを繰り返すのであれば、もしかしたらわざとやっているのかもしれません。

悪いことをすれば、飼い主があわててやって来て、大騒ぎをしてくれます。

そのリアクションが、猫にとっては飼い主がかまってくれているように思い、遊びのひとつのように感じているのです。

とくにキッチンで忙しくしているときなど、目を放したときにイタズラをするのは、猫が「今、飼い主はかまってくれないな」とわかっているからです。

こういう場合は、たっぷり遊んであげれば、猫のさびしさが解消されて、イタズラも減るはずです。

ちょっと不思議

リビングで見られるしぐさ

飼い主はんが出かけているときも、一緒にいるときも、たいがいうちらが過ごす場所がここ。猫らしい習性がぎょうさん見られまっせ

猫といえばコレ！ 毛づくろいや爪とぎをする理由とは？

猫はヒマさえあれば、毛づくろいをします。前足を使って顔を洗い、全身をていねいになめることの行動を「グルーミング」といいます。

猫がグルーミングをする理由は、いくつかあります。

まず、ニオイを消すため。野生時代、待ち伏せして狩りをしていた猫は、自分の存在を獲物に知られないようにするため、せっせと毛をなめ、自分のニオイを消していたのです。

次に、体温調節のため。汗腺が少ない猫はほとんど汗をかきません。そこで唾液で体を濡らし、気化熱《きかねつ》で熱を放出し、体温を下げているのです。

さらに、顔を洗うことで大事な感覚器のひとつヒゲの感度を保つ意味もあります。

グルーミングと同じくらいに猫がよく行なうのが、爪とぎです。爪を切ってあげてもをしてもバリバリするのはどうしてで

しょう。

これは、爪の表面をおおっているサヤをはがすためという理由がひとつ。狩りのために爪を整えておきたいというのがもうひとつ。さらに、マーキングの意味もあります。足の裏から出るニオイをつけることで、自分の縄張りを主張しているのです。

家具に頭をスリスリ、ゴンゴンするけれど、ストレス？

猫が人や家具などにスリスリする姿はよく見ますが、ときどきゴンゴンと音がするほど頭をぶつける猫がいます。

まるで自分を傷つける行為のように見えるので、何かストレスをかかえているのではと心配になってしまいます。

ですが、心配はいりません。猫がスリスリするのはマーキングのためで、ゴンゴンはその延長にあるもの。

犬が散歩中にあちこちにオシッコをして、縄張りを主張するのと同じで、口元から出るニオイをこすりつけることで、自分の縄張りを主張しているのです。

ニオイはだいたい3～4日で消えてしまいますから、猫は頻繁にスリスリやゴンゴンを繰り返し、せっせと縄張り主張をしているというわけです。

いつも高いところに上りたがるのはなぜ？

猫は高いところが大好きです。気がつけばタンスの上から見下ろしていたり、カーテンレールの上をウロウロしていたりしています。

これは野生時代の猫が、森林に暮らし、木の上を巣にしていたことに由来します。高いところにいれば、外敵をいち早く見つけられますし、襲われるリスクが少なくなります。さらに、獲物を見つけやすく、待ち伏せにも最適。猫にとって、高い場所は安全であり便利な場所だったのですね。

ただ、猫は上るのは得意ですが、降りるのはどうも苦手なよう。

子猫や肥満の猫などは、上れたけれど降りられず、ニャーニャー鳴いて助けを呼ぶことがあります。そんな姿を見たら、助けてあげてくださいね。

せまいところにもしょっちゅう入りたがるけど？

猫は高いところだけでなく、せまい場所も大好きです。ちょっと姿が見えないなと思えば、わずかな隙間に身をひそめていることもしばしば。

これも高いところと同じく、野生時代の名残のひとつです。

かつて猫が巣にしていたのは、自分の体からひとまわり大きいほどのサイズの木のウロでした。だから、身体全体がすっぽりおおわれた狭い場所を好むのです。

また、猫は好奇心も豊富ですから、スーパーの袋や荷物をとり出したあとの段ボールなどを見ると、中に何があるのかを確かめずにはいられなくなります。

一時期、何匹もの猫が鍋に入った「鍋猫」が話題になりましたが、あれこそ猫の習性があらわれたものといえるでしょう。

猫が好む場所にはワケがある

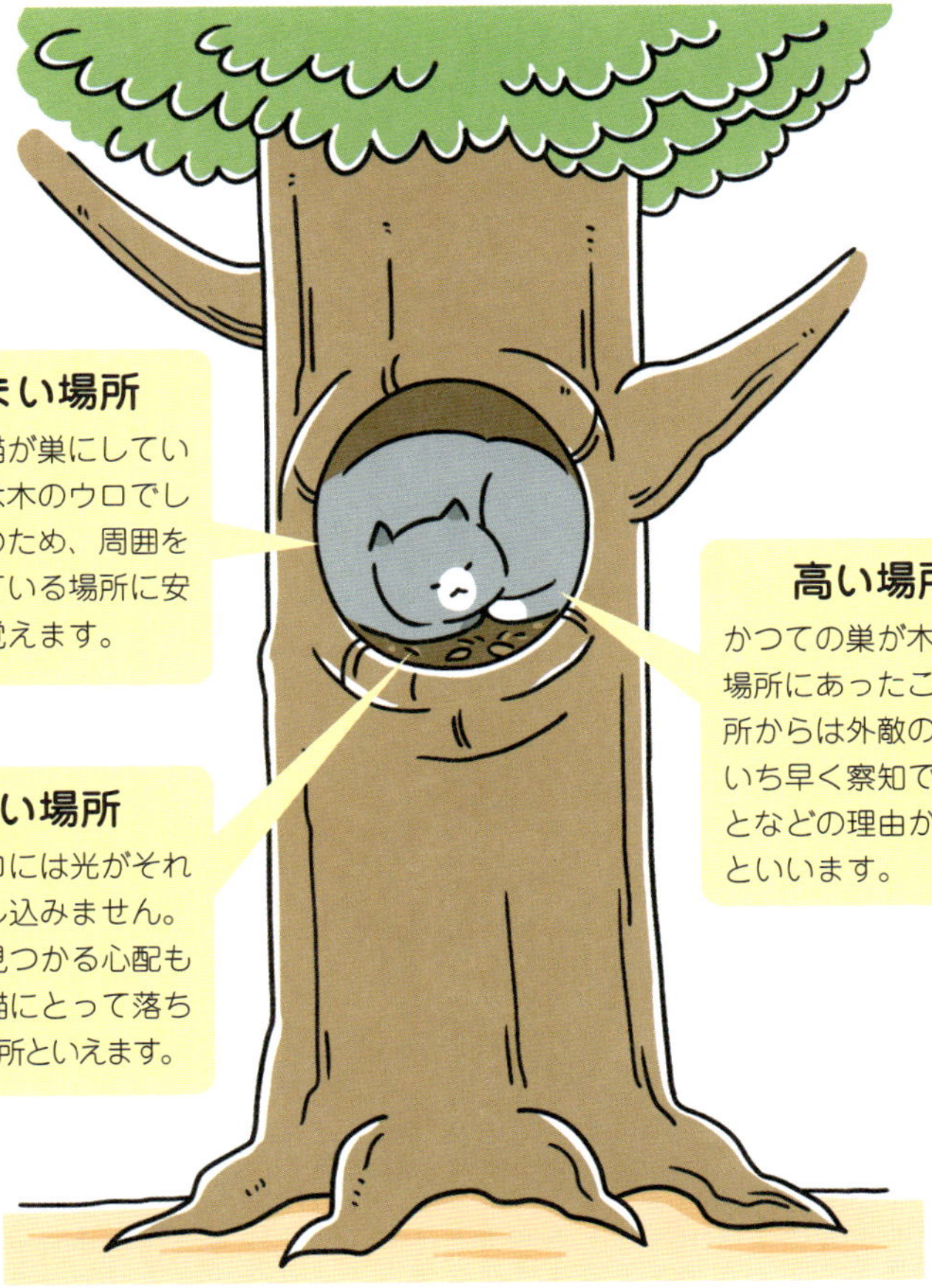

せまい場所

かつて猫が巣にしていた場所は木のウロでした。そのため、周囲を囲まれている場所に安心感を覚えます。

高い場所

かつての巣が木の高い場所にあったこと、高所からは外敵の接近をいち早く察知できることなどの理由から好むといいます。

暗い場所

木のウロには光がそれほど射し込みません。外敵に見つかる心配も低く、猫にとって落ち着ける場所といえます。

ときどきおみやげを持って帰って来るのはなんのアピール？

外歩きが許されている猫は、ときどきネズミやモグラなど、おみやげをくわえて家に帰ってくることがあります。

このときの猫の心理は、ちょっと複雑。いくつかの気持ちが混ざり合っているようです。

まずは、獲物を獲ることができない飼い主のために、食べ物を運んであげようという親心。このとき、子猫（飼い主）に狩りを教えるために獲物を持ち帰って来るともいいます。これらは野生時代の名残だといえます。

また、自分が仕とめた獲物を見せることで、飼い主にほめてもらおうという子ども心もあるようです。そういえば獲物を持ってきた猫は、どことなく自慢げな表情を浮かべていますね。

いずれにせよ、猫は飼い主に喜んでもらいたい一心でおみやげを持ち帰るのです。

「ありがとうね」とほめるだけほめておき、そのあと猫が見ていないところで処分するようにしましょう。

親猫気分

狩りができない未熟な子猫（飼い主）のために、親猫の気分で獲物を持ち帰ってきます。狩りの仕方を教えようとしている気持ちがあります。

子猫気分

飼い主にほめてもらいたいという気持ちから、獲物を持ち帰ってきます。くわえてきたときの顔はどことなく誇らしげなはず。

あらぬ方向を見てフリーズしているけど、何があるの？

窓辺でひなたぼっこをしながら居眠りをしていた猫が、突然ムクッと起き上がったかと思ったら、

天井のスミを見つめながら、そのままフリーズしてしまいました。

このときの猫は耳をピンと立て、ときおり立てたまま左右にピクピクと動かしたりします。

じつはこの猫、何かを見ているのではなく、聞いているのです。

人間よりずっと耳がよい猫は、私たち人間には聞こえない音も聞きとることができます。フリーズ状態で耳だけを動かしているときは、小鳥のさえずりやほかの猫の鳴き声など、興味をひかれる物音をキャッチしたのでしょう。

猫の耳は、左右それぞれに20個もの筋肉があり、左右の耳を別々に180度回転させることができます。こうして頭を動かさずに周囲の音を聞いているのです。

飼い主の帰宅時、猫が玄関先で待っていることがありますが、それもまた、優秀な耳で誰よりも早くその足音を聞きつけ、お出迎えしてくれているというわけです。

種類が変われば性格も変わる！

猫種別性格診断 6

マンチカン

猫界のダックスフンドともいうべきマンチカン。その起源ははっきりしていませんが、1980年代に保護された短足の猫が現在の猫種の原型であるといわれています。

そのくりっとした瞳によちよちとお尻を振りながら歩く姿は、見ているだけで癒されるでしょう。愉快な見た目から想像できるように、穏やかで人懐っこい性格です。社交的な性格なので、多頭飼育でも上手にほかの猫たちとコミュニケーションをとります。留守番上手なところもあり、日中外出しがちな家庭に向いているといえます。

怖がりなところがあるので、イタズラをしたときなどあまりきつく叱らないようにしてあげてください。一度、恐怖心を植えつけてしまうと、飼い主に心を開かなくなるので、十分注意すること。たたいたり、怒鳴ったりしてはいけませんよ！

毛色の種類は、ホワイトやレッド、ブラック、ブルー、ブラウンマッカレルタビーなど多種におよびます。

マンチカンの平均体重は、オスで3〜4.5kg、メスで2〜3.5kg程度。一般的な猫に比べて軽い猫です。

7章

ほかの動物といるときに見られるしぐさ

わーん たまこぉ
先輩の彼女さん会いたくないよ～
泣いたりわめいたりえーかげんにしーや
ぐりぐり
ぐぇ
ピンポーン
ガチャ
あれっ…先輩…
同居人の方は？
やあ
くいっ
ニャーン
???
念のため、たまちゃんは別の部屋に連れて行っておいたほうがいいかも
その大きな入れもんは何ですの——ん？
ウニャー
ちょ～っと隣の部屋で待っててよーね
ニャーニャー
なんでウチだけ見してくれへんのや～
ごめんっ たまちゃん
ではでは
オープン～
カパ
？
ちょこん
か……カメ？
うん！ボクの同居人
銀治《ぎんじ》っていうんだ
お初にお目にかかる
この亀、もらいものでね
水槽とか、飼育の準備をしてたら部屋がとっちらかっちゃって
このあいだは家に呼べなくてごめんね

先輩…彼女と同居してるって勘違いしたあげく、無神経呼ばわりしちゃってすみません…！
？
僕のマンション原則として動物の飼育は禁止されているんだけど
亀は鳴かないから大丈夫なんだ
なるほど…
それでさ…
調べてみたら亀と猫の相性は悪くないらしいから
もしかしたら銀治とたまちゃん、仲よくなれるんじゃないかと思って連れてきたんだ
だめかな？
え？ た… たまこと？
も〜 2人して何コソコソしてはったんや
バタ
ジタ
そ…
ん？
ドキ ドキ…
ガタ
ゴト
ビクッ
あ〜
威嚇してる
これは防御の威嚇だね〜
コトッ
コト
シャーーッ
えっ?! 先輩くわしいですね
てへ
じつはここ最近、みやこちゃんには内緒でばあちゃんのところに通ってたんだ

シャー
威嚇にも２種類あってね
はい
防御の威嚇
タヌキのようにふくらんだしっぽを上に立てる
耳は伏せられ頭にはりつく
シャーッ
瞳孔はまんまる
口を開き犬歯を見せる
姿勢を低くして自分を小さく見せようとしている
「シャー」という声をあげている
さっきの
形ばかりの威嚇で、「本当は今すぐ逃げ出したい」というのがこのときの気持ちなんだ
たまちゃんはコレだね
強気なときはこっち
もうひとつはコレ
攻撃の威嚇
背中の毛を逆立て、体を逆U字にして自分を大きく見せる
（斜めに立ち、より大きく見せようとすることも）
しっぽはふくらんでいるが、下向きで、地面に沿わせている
小さく動かすこともある
ウ〜
口は大きく開き瞳孔は拡張している
耳は後ろに倒して裏の模様を見せる
「ウゥー」と低い声で鳴く
へぇ〜
こうして見ると同じ威嚇でも違うんですね
さっそく勉強の成果が出ちゃったかな〜
テヘヘ
先輩すごいですっ
やっぱりたまちゃんに会わせるのはやめておこうか…
あんな状態じゃあ…
スッ
そうですね…

ピタ…
……
あれっ?
え…
そろり そろり…
じっ…
案外、大丈夫そうかも?
どうだろ…
じ….
ちょっと出してみようか
大丈夫かな〜
そ…
ピクッ
けったいな姿やなあ…
ちょい
ちょい
くん…
ぴゃっ
ズズズイッ
くんなや—っ
何におどろいておられる?
?
もう大丈夫そうですね
そうだねー
フフフ
そろ——り

怖がりだから？猫以外の動物と一緒で

うちらはほんまに見知らぬ相手が苦手やねん。見たこともない動物を前にしたら、もう大変や！　ボディランゲージで気持ちがダダもれですやん

背毛を逆立てながら「シャーシャー」言っていたら、攻撃態勢？

たまこが銀治とはじめて顔を合わせたとき、しっぽの毛を逆立てて「シャーシャー」言っていましたね。その声と姿勢から、相手に対して攻撃的な気持ちになっていると誤解する人がいるでしょう。ですが、仁山さんが解説していたように、この場合、攻撃的というよりも内心ビクビクの状態です。

今回の相手は亀でしたが、見知らぬ生き物は、猫にとって恐怖の対象です。怖いけれど怖がっているとは知られたくはないので、必死に威嚇しているというわけです。

このように**地面に伏せながらしっぽの毛を逆立てているポーズを「防御的威嚇の姿勢」といいます。**自分を小さく見せてやり過ごそうという気持ちが姿にあらわれていますね。

そしてもうひとつ、**体を逆U字型にして毛を逆立てているポーズが、「攻撃的威嚇の姿勢」です。**体を大きく見せるため、相手に対して斜めに立ちます。この場合、鳴き声は「ウゥー」という低い声になります。

ヒゲをそらしているのは、怖がっているってこと？

ベランダでひなたぼっこをしていた猫が、ピクッと動いたかと思うと、真剣な顔で庭先を見つめています。さっきまでダラーンと垂らしていたヒゲが顔の後ろにそらされ、どことなく緊張感がただよっていますが……？

防御的威嚇

恐怖におびえながら、虚勢をはって威嚇をしている状態です。強気に見えて、心の中はビクビク。

攻撃的威嚇

いつでも攻撃ができるぞと相手に知らせています。逆U字の体にして、やる気を示しています。

視線の先を見れば、庭先の道路には、一匹の犬が散歩中でした。このときの猫はどのような気持ちでいるでしょうか。

猫のヒゲはとてもよく動き、その気持ちを素直にあらわします。リラックスしているときはほどよく力が抜けてダラリとしていますが、何かに興味を持つと前に出ます。そして、「怖い」と思ったときは後ろにそらせます。これは大事なヒゲを敵から守るためと考えられています。つまり、庭先を見つめていたこの猫は、犬に対して恐怖心を抱いていたのでしょう。

ただし、猫は怒ったときもヒゲを後ろにそらせます。恐怖心によってそらされているときよりも、怒っているときのほうが顔に力が入っているため、ヒゲがより一層後ろに引っ張られます。

見分けるのは難しいのですが、ヒゲの緊張度合いと、その場の状況が気持ちを読むヒントとなります。

体の変化でわかる
猫のキモチ

よくよく見れば、体全体に本音があらわれているの、わかりまっしゃろ?
ここでは、大きく分けて9つの体の変化とキモチを紹介しまっせ

ノーマル

耳はまっすぐ前を向き、瞳は中くらいのサイズ。ヒゲはなだらかなカーブを描いています。被毛も体骨格の丸みにそっています。

好奇心

物音を察知して耳を動かし、瞳を細くします。興味のある方向に首を伸ばしますが、体はなだらかなカーブのまま。

期待

興味の対象に体全体を向けます。マズル(口元)がふくらんでヒゲが横にはり、瞳は細くなります。興奮し、しっぽが上がります。

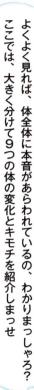

威嚇

アゴを上げ、牙を見せます。耳を完全に後ろに倒しつつ、瞳は細まるでしょう。被毛やしっぽが逆立ちます。

驚き

耳が横に倒れ、瞳のサイズが一瞬で大きく丸くなります。顔が後ろに引かれ、ヒゲも後ろに倒れます。四肢が伸び、被毛が逆立つことも。

攻撃

耳をそらしながら立てます。目は細くなり、対象を凝視します。ヒゲは上向きでピンとはられます。四肢を立て、後ろ足がつま先立ちになることも。

困惑

耳の裏側を見せるように左右に倒し、おどおどと視線をそらします。ヒゲはピンと張られたまま動くことも。被毛が逆立ち、背中が丸まります。

服従

耳を横に倒します。瞳はまんまるに広がり、自信なさげにヒゲが垂れ下がります。しっぽを後ろ足のあいだにはさみながら、体を伏せます。

幸福

耳が立ち上がり、うっとりと目が細められます。笑顔を浮かべたようないい顔をして、床の上でクネクネすることも。

敵か仲間か？

ほかの猫と一緒のとき

相手が同じ猫であっても、うちらはそんな簡単にうちとけまへん。まずは敵か仲間か見極めるところからはじめます

耳を横に引いているときの猫は、どんなキモチ？

新しい猫を飼うことになり、連れ帰った日。不思議そうな顔をしている先住猫の前にキャリーバッグを置いて、まずはキャリーごしに顔合わせです。すると、先住猫は耳を横にして相手をじっと見つめました。

何やら不穏な空気を感じますが、それもそのはず、これは、猫が「準戦闘モード」に入っているサイン。耳を横に引くことで、「これ以上近づいたら、ただじゃ済まないよ」というメッセージを相手に送っているのです。

猫の耳はヒゲと同様、感情がよくあらわれる部位のひとつ。耳がピンと立っていれば、目の前の相手やモノに興味を示している状態で、伏せられていればおびえている状態です。

そして横に引いて耳の裏を見せるときは、攻撃的な威嚇の状態。このしぐさは猫科のトラにも見られ、相手に自分の耳の後ろにある目玉柄の模様を見せておどします。現代の家猫にはそんな模様はありませんが、耳を横にして後ろ側を見せるしぐさだけが、本能として残っているというわけです。

耳の変化と猫のキモチ

興味があるとき

興味の対象を探すように、左右の耳を小刻みに動かしたあと、対象物に向けられます。物音をよく拾おうと、ピンと立ち上げます。

警戒しているとき

耳を横に引き、耳の裏の模様を見せるような形になります。警戒から攻撃に移り変わるにつれて、耳を張り出すように立てます。

恐怖を感じているとき

耳の穴をガードするように、後ろに倒します。やがて耳を後ろに完全に倒し、顔を丸く見せるようになります。

初対面の猫と出会うと、目をそらすのはなぜ？

外歩きを許されている猫を見ているとわかりますが、見知らぬ猫同士が出会ったとき、お互いに目をそらします。

これは猫の社会においてのルールのひとつです。正面から相手の目を見るのは、ケンカを売っていることになってしまうからです。

たとえば公園の空き地に、2匹の猫が別の方角からやって来て、ばったり顔を合わせてしまったとします。2匹はどんな行動をとるでしょうか。

相手に気がつくと、まず2メートルほどあけて互いに立ち止まりゆっくり腰を下ろします。それからしばらく見合って、すぐに目をそらすでしょう。

タイミングが合わず、うっかり見つめ合ってしまうと、互いに相手の力をおしはかることになり、お相撲さんの「見合って」のような戦闘モードになってしまいます。

しっぽを上げてすり寄り合うのは、仲良しってこと？

では、互いをよく知っている2匹の猫が顔を合わせたときはどうなるでしょう。

まず、相手の顔に自分の顔をくっつけて、それから互いに相手のお尻をかぎます。

このとき、互いにしっぽをピンと立てていますが、これはしっぽの上と下に臭腺《しゅうせん》のある肛門部をかぐことで、相手の情報をチェックするためです。

あいさつを済ませた2匹は、最後にしっぽをからませることもあります。

このていねいなあいさつは、親子や兄弟、顔見知りの親しい猫同士など、気心の知れた相手とのあいだで見られます。

ほおずりは親愛のサインじゃなかった!?

ほおずりも猫の代表的なあいさつのひとつです。猫の家族間であれば、ほおずりするほうは子猫です。母猫に近寄り、体を低くして首を差し出すようにしてほおずりをします。

人に飼われている猫の場合は、大人の猫でも、子猫のように、飼い主に対してほおずりをするでしょう。

猫のほおずりには二つの意味があります。

一つは口元にある臭腺を自分より優位にある相手の口元につけ、優位の猫のニオイを受けとることと。そしてもう一つは、自分よりも優位にあるボス猫に自分のニオイをつけることで、テリトリー内での自分の存在を認めてもらうことです。

猫の社会には、人間にはわからない「階級」があります。もっぱら外で暮らす地域猫も、こうしたオキテのなかで暮らしているのです。

劣位にある猫は、こうして優位の猫のニオイをいただくことで、そのエリア内で行動することが許されるようになります。

種類が変われば性格も変わる!

猫種別性格診断 7

ソマリ

ソマリは46ページでご紹介したアビシニアンの変形種。アビシニアンの中で稀に出る長毛種を交配して生まれた猫がソマリです。よく見ると、両者はとっても似ています。

アビシニアンと同じく、明るく人懐こい性格です。ただ、アビシニアンに比べて神経質で気難しいところがあり、環境の変化に敏感。家具の入れ替えや引越しなどでナーバスになるので、注意が必要です。

とにかく運動が大好きで、運動ができないとストレスを感じます。十分走り回れて、かつ上下運動もできる環境を用意してあげてください。また、飼い主は時間を見つけてたっぷりと遊んであげるとよいでしょう。

「鈴を転がしたような」と形容されるかわいらしい声が特徴で、近隣に鳴き声で迷惑をかけることはあまりありません。そのため、アパートやマンションでも飼いやすい猫といえます。

ソマリの平均体重は、オスで3〜5kg、メスで2.5〜4kg程度。一般的な猫に比べると、やや小さいといえます。

毛色はアビシニアンと同様、ルディ、フォーン、レッド、ブルーの4種があります。シルバーやチョコレートなど、非公認のカラーを含めれば10種類を超えるといわれています。

8章 お外で見られるしぐさ

ある日の休日
ごはんですよ〜
フンフ〜〜ン
ごはん？
んん？！
ケッ
フンフ〜ン
ゴソゴソ
えっ？！
あー
きもちわる
ケッ
カッ
たまこっ！
どうしたの？
クカッ
!?
カパッ
け…
…毛玉？
オロ
オロ
……
こんなとき
どうしたら…
じゅ…獣医さんに
電話で相談してっ…！
では、念のために
連れてきて下さい
はい
病院まで、
いつも電車だけど…
電車でもし
吐いたら…
車ないし…
吐いたものは
持って…
も…もしもし
仁山先輩？
あの――
たまこがっ
たまちゃんが？！
それは大変だ！
すぐに行くから！
はひっ
ありがとうございますっ
キッ
先輩〜〜っ
みやこちゃん！
大丈夫？
たまちゃんは？

病院に連れて行かれるってわかったみたいで
たまこ～入って～
あれはイヤな箱や
キャリーに入ってくれないんです
ばあちゃんに助けてもらおう!
もしもしっ
おねがいしますっ
たまこ～
スタスタスタ……
じりっ…
ピンポーン
入りますよ～
あなた達…
猫を知る努力がまだ足りないようね
こういった場合には洗濯ネットが有効よ!
ドーーン
ばあちゃんかっこいい!
大家さん!! よろしくおねがいします
注意を引いて…
んっ
何や? 遊びなはるんか?
背後から…
ス…
シュパッ
捕獲!
さあ、早くキャリーに入れて!
シャッ
はいっ
気をつけるのよ～
アニマルクリニック
診察室
どうぞ～
うん! 待ってるよ
いってきます!
……
たまこ出ておいで…

さー
たまこちゃん具合はどうかな？
大人しくしてるけど…瞳孔が開きっぱなしだったわ…
あっ
肉球の跡がスタンプみたいにいっぱい…！
これはたしか…
今年の夏
はー
暑い日はスイカに限るね～
こんなに暑いと毛皮に覆われている猫は大変だよね～
だら
ん
そういえば、猫って汗をかかないんですか？
くぁ
ちら
猫は基本的に呼吸で体温を調整するから、
暑いからといって汗はかかないわね
猫の体で汗線があるのは肉球だけ
猫の体は被毛でおおわれているため、汗を出す機能がほぼない
これは被毛が邪魔で汗が蒸発しにくく、体温調節しにくいためだといわれている
暑さというより、ストレスで汗をかくことがあるわ
とくに緊張する場面ね 野生時代のころは、獲物を狙うとき
今だと、動物病院で診療を受けるときなどかしら…
極度の緊張状態にある猫は、肉球にびっしょりと汗をかくのよ
うん、問題ないね
よし！
いきなり連れ出して…たまこに余計なストレスを与えてしまったかも…
どうだった？
問題ないって
なー

…
何かあったの？
……
私、たまこが吐くのを見て動転しちゃって、いきなり苦手な病院に連れてきてしまったけど…
たまこは肉球が汗でびっしょり濡れてしまうほどストレスを覚えていたんです
ペロ ペロ
もしかして私、間違ったことをしてしまったのではと…
…
しょぼん…
たまちゃんのそんな姿を見たら、僕も病院に連れて行くと思う
先輩…
たまちゃんは確かに病院で居心地の悪い思いをしただろうけど、何事もないとわかったことが何よりだと思うよ？
それに…
…たまちゃんも心配だったけど元気のないみやこちゃんを見ているのも僕はつらいよ
え…
カーー
かなわんわ〜
くはっ
大家さんの肉球豆知識
色々な肉球の役割を紹介するわ！
●クッションの役割●
・足の裏にかかる衝撃をやわらげる
・獲物に近づくとき足音を消す
●すべりどめ●
床でもすべらずスムーズに歩くため
外歩きの肉球はザラザラでかたい
室内飼いの肉球はぷにぷにツルツル
●道具●
ものをつかみやすくする
●センサー●
わっ ぬれてる
地面に直接触れることで、異変に素早く対応できる
●お手入れ用●
ペロペロ
ゴシゴシ
舌がとどかないところは、肉球をなめて湿らせ、それでこすることで汚れをとる

恐怖アピール？ 病院にいるときのしぐさ

うちらにとって苦手なものの代表格といえば、なんていうても病院や。健康のためといいわれても、おっかない！ 恐怖心が出てしまうんよ

病院に連れて行ったら、肉球が汗でびっしょりになっちゃった！

みやこさんが心配していたように、猫が肉球に汗をかくときは、緊張感がマックス値にまで上昇している状態です。

肉球といえば、高いところから飛び降りたりする際のクッションの役割や、地面の情報を読みとるセンサーのような働きをする部位です。

そして、猫が唯一汗をかく部位でもあります。ただし、汗をかくといっても、体温調節のためではありません。

人が極度に緊張したとき「冷や汗をかく」と表現しますが、猫の汗はまさにこれ。緊張し、おびえているときなど、体調の異変を肉球の発汗で知らせるわけです。

とくにちょっと湿っている程度ではなくて、周りの毛を濡らすほどびっしょりと汗をかいていたら、極度の緊張状態に置かれているサイン。猫の状態を見て、あまりにしんどそうであれば、獣医師に相談して、一度診察を中断するのも手です。

診察台で耳を伏せ、体を低くしていたら？

「女性の心は猫の目のようにコロコロ変わる」というたとえがあるように、猫はその目の変化で感情を豊かに表現します。明るい場所での瞳孔は小さくなり、反対に暗い場所では大きくなりますが、明るい場所でも瞳孔が大きく開くことがあり、これは興奮状態や、恐怖心を覚えていることを示します。

目の変化に加え、耳とヒゲ、そして体勢に注目すれば、たいていの気持ちはわかります。

診察台に乗せられた猫は、たいてい耳を横に倒し、ヒゲをダラリと下げていて、さらに瞳孔が開きっている状態になります。

これは、116ページの「体の変化でわかる猫のキモチ」で紹介したように、「服従」のポーズです。

服従のポーズをしていたら、驚きを通りこして身の危険を感じ、おびえている状態です。病院に連れてきた猫がそんな状態だったら、優しく抱き上げて、背中をなでて安心させてあげましょう。

パトロール中！ 外歩きで見られるしぐさ

うちは家の中が縄張りやねんけど、外歩きをする猫もいてるらしいな。外なら外で、猫社会のルールがあるんやて

家では甘えっこなのに、外で知らんぷりするのは？

外歩きを許している猫と、家の外でばったりと顔を合わせたところ、なぜか甘えん坊のはずの愛猫が知らんぷり。ひどいときには、逃げ出してしまうことすらあります。なぜ、このような冷たい反応をとるのでしょうか。

猫にとって家の中は、ごはんがあって、襲われる心配のない寝床もある安心の空間です。ですが、一歩外へ出れば、自分の身は自分で守らなくてはならない厳しい世界。家猫であっても、外に出れば外のルールに従うほかありません。

道端で出会った猫同士は、互いに目を合わせないと前述しましたね。目を合わせることはケンカを売るサインになるためで、すれ違うときも、なるべく相手の目を見ないようにして通り過ぎなければなりません。

このルールは相手が飼い主であっても同じです。つまり外では礼儀として、知らんぷりをするので

す。

また、猫の目はあまり細部まで見えないため、飼い主だと気づかずに走り去ってしまうこともあるようです。

夜になると、猫が集まってくるけど、何をしているの？

猫は夜になると神社の境内や、公園、駐車場などに集まって「猫の集会」を開きます。集会といっても、特別何をするわけでもなく、ただ一定の距離を開けて座り込み、じっとしているだけ。いったい何のために行なうのでしょうか？

猫の集会はどこでも見られるものですが、じつは今もその理由は謎とされています。

一説には、縄張り意識から、定期的に猫たちが集まって、互いのテリトリーを確認し合い、昼間に出会っても争いごとがないようにしているのではないかといわれています。

また、単純にエサをくれる人を待っているという説もあります。

瀬戸内にある、住民の数よりも猫が多い島では、漁を終えた船が戻る港あたりに、夜な夜な猫たちが集合すると聞きます。

そのほかにも、集まった猫たちが争うこともなくじっと座り、やがて姿を消していくことから、猫同士の「顔見せ」ではないかという説もあります。

種類が変われば性格も変わる！

猫種別性格診断 8

ミックス（雑種）

じつは日本で一番飼われている猫は、ミックスといわれています。純血種ではない猫のことで、異なる品種同士をかけ合わせた猫はすべてミックスと呼ばれます。

つまり、親の猫種によって性格や外見に違いが見られるため、純血種と違って育ててみるまでわからないというのが本当のところです。

子猫の段階ではまるで予測ができないため、成長とともに見られる変化を楽しみたい人は、ぜひお迎えしてあげてください。

性格のひとつの目安としては、短毛種は活発な猫が多く、長毛種は大人しい猫が多いといわれています。猫とたくさん遊びたい人は短毛種を、おだやかに暮らしたい人は長毛種を選ぶとよいでしょう。なお、長毛種は毛がからまりやすいので、毛玉にならないよう毎日のブラッシングをかかさないように！

毛の長さも毛色もさまざま。単色、タビー（縞）、バイカラー（2色）、パーティカラー（3色）などさまざま。本書の主役であるたまこはパーティカラーの三毛猫です。

ミックスの平均体重はオスで4〜5.5kg、メスで3〜4kg程度。一般的な猫のサイズですが、親の猫種によっては大きくなることもあります。

9章

飼い主と一緒のときに見られるしぐさ

一年後
たまこ、気に入ってくれるかなぁ
きっと大丈夫だよ ばあちゃんが太鼓判を押してくれた物件だし
じつはあのあと…
このおニんさんは付き合うことになり、結婚しはったんや。
おめでと〜
そして今日は新居に移る日——
たまこのストレスを考えて引越し先には見慣れた家具や
たまこ愛用のベッドや毛布
みやこ宅のソファー
お気に入りの猫用品を置いてみたけど…
ドキドキする〜
そうだね〜
そっ…
ドキドキ…
そろ…
なんやここは?
フンフン
見たことないもんばっかしやな〜
フンフン
フンフン
窓がちがう…
あっ
あれはうちのや!
サク
サク
まだちょっと緊張しているみたいだけど、大丈夫そうだね
ほーっ
ふぅ
銀治も、元気そうで安心した
ガサガサガサ…

あーつかれた〜
ハハハ
入籍から引越しまで怒涛の日々だったからね
おつかれさま
おつかれさん
くす
ゆっくりしてなよ
今日は僕がごはんをつくるから
ありがとー♡
ちょっと動画でも見ようと…
パカ
♪〜
てこ
てこ
ぴょん
な〜
みやこはん何してんの?
あらたまこ
ああええわぁ
ポン
ポン
動画を見ている
もっともっと…
…む?!
てきとーにしてはるな?
ムスー
ずいっ
DOGA
ちょっと〜!
たまこ見えない
うちはどきまへんよ
ぐい
ぐい
あー
たまちゃんちょっとお怒りモードだ
雑誌とかキーボードの上に乗って邪魔するときは、「なんで私を見てくれないの!」っていうアピールなんだ
のしっ…

邪魔をするのは「子猫気質」が原因だよ
ムスー
DOGA
そうなる理由は、かまってほしいからなんだって
親からの愛情を受けたいという本能に由来するんだ
野性の猫は親兄弟との生活の中で、周囲の環境について学習を重ね自立していく
次からアンタら自分で狩るんやでっ
あいっ母ちゃん!!
しかし人との暮らしの中では、自分で獲物を狩る必要がない
にゃ~
おねだりしたらごはんが出てくるにゃ。
そのため、大人になっても自立心が弱く、飼い主への依存が強い傾向がある
ごはんだよ~
はいはい
小さい頃から人と暮らしている猫は、子猫と同様の心を持ったまま成長しているのが大半なんだ
ね~たまちゃん
にゃ
DOGA
キーボードに乗っかるのは、飼い主が自分にかまってくれるということを学習していて「これをすればかまってくれる」と理解しての行動らしいよ
ただし、キーボードに乗っかるのにはほかにも2つほど理由があるみたいでね
そうなの?
猫は寒さに敏感だからパソコンの発熱で暖をとっているからとか
あったかいにゃ~
気になるにゃ~
カチャカチャ
キーボードを叩く「指」の動きや音に狩猟本能をかきたてられるからとかいわれているよ

ほらほら
たまちゃんもねぎらってあげないと!
そーだった
兄さんなかなかわかってきはったやないの
にー
たまこもお疲れ様
はじめは慣れないかもしれないけど、
今日からここがおうちだよ
なで
なで
これからもずーっとよろしくね
ポンポン
ンニ
ん～～かわいい奥さんとネコちゃんと我が家だなぁ…理想の我が家だなぁ…
フフ～ン
おまたせー
ごはんできたよー
あれっ?
すや
すや
ホカ
ホカ～
ちら
ま、いっか
2人とも、ずーっとよろしくね♡
そっ…

どうしてそうなの？ そばにいるときの動作

飼い主はんと過ごす時間が、うちらにとって一番なごむ時間や。
思わず子どもの気分になってしまうことも多いんよ

パソコンのキーボードや雑誌の上に乗るのはイジワルだから？

引越しが無事に済み、ひと休みするみやこさんのもとにやって来て、まるで邪魔をするかのようにキーボードの上に乗ったたまこ。

こういう猫のイタズラの話はよく聞きます。ですがこれは、イタズラではありません。

このときの猫の気持ちは、邪魔をしたいというよりも、「そんなことやってないで、こっちを見てよ！」とアピールしているようです。

そのほかにも、パソコンのキーボードの上に乗る理由はいくつかあるといいます。

ひとつは、暖を求めているという説です。

猫の体温は人間に比べて高いので、寒さに敏感。そのため、陽のあたる窓辺やこたつのなかにもぐり込む姿をよく見ますが、キーボードに乗るのも同じ理由だといいます。

また、狩猟本能をかきたてられての結果だという説もあります。

キーボードの上を動く飼い主の指やカチャカチャいう音が猫の本能を刺激し、飛びかかりたくなってしまうのだとか。

ですが、雑誌や新聞の上に乗って見上げてくるしぐさは「こっちに注目して」というアピールで間違いないでしょう。

声を出さない口パクの「ニャーオ」はどういう意味？

猫はときどき、声を出さずに口を「ニャーオ」の形でパクパク動かすことがあります。

こちらの目を見ながら口を動かしていることから、何かをうったえているようですが……？

この口パクは家猫特有の表現で知られ、**飼い主にかまってほしいときやエサをねだるとき**などに見られます。

口パクと同時に前足でトントンと飼い主の体の一部にふれることもあります。

その無言のうったえはじつに強力。

代表作『スノーグース』や猫になった主人公の物語『ジェニイ』などの作品で知られる米国の作家ポール・ギャリコは、「人間に要求をのませるのにもっとも効果的な鳴き声」と、その著書で絶賛しています。

とくに猫が口パクニャーオをするときは、いつもごはんをくれる人ではなく、家族の中で一番影響力がありそうな人をちゃんと選んで行ないます。

そんなしたたかさもさすがというべきでしょう。

鳴き声でわかる
猫のキモチ

前のページで紹介した口パクのニャーオだけやなく、猫の気持ちは鳴き声からも判断できんねん。鳴き声と体の変化を組み合わせると、判断しやすくなりますのや

相手の気持ちを引きたいときや軽めの要求があるときの鳴き声です。「ねぇねぇ」「ちょっと」といったところでしょうか。

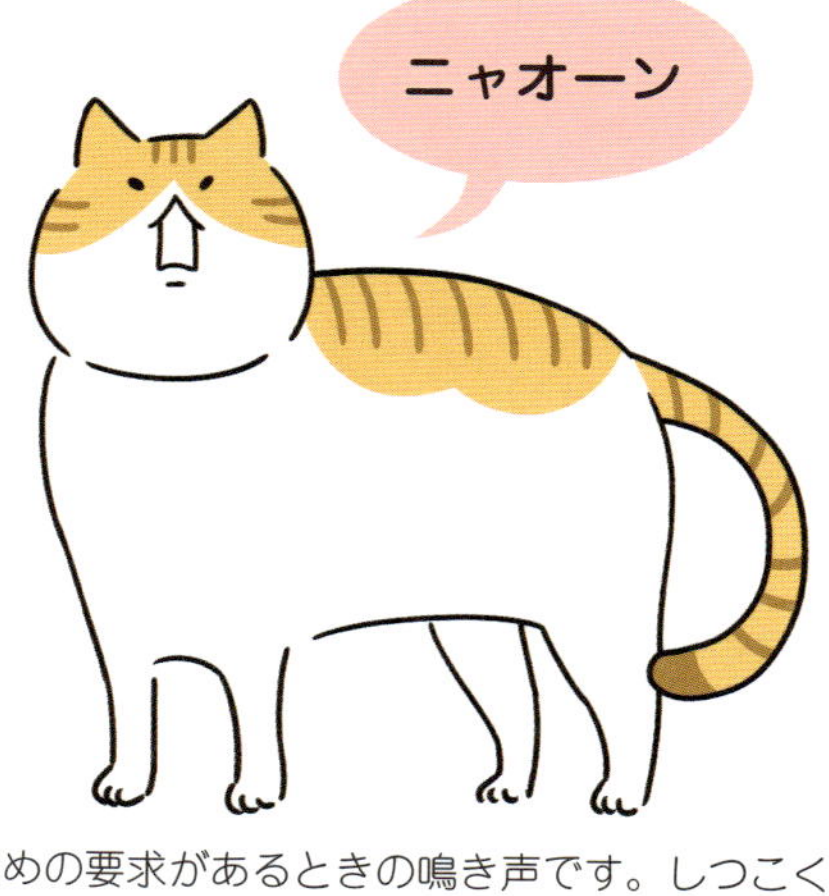

強めの要求があるときの鳴き声です。しつこく何度も鳴き続けます。たとえば「ごはんちょうだいよ！」「ここ開けてよ！」など。

発情期のメス猫の鳴き声で、にごったようなダミ声を繰り返します。翻訳するなら、「いい男は、早くいらっしゃ〜い」といったところ。

歯を鳴らすように「チチチ」あるいは「カチカチ」いう音で、獲物をつかまえられないときなど、葛藤時の鳴き声です。「捕まえたいよ……」。

嫌いな相手に対して威嚇をするときの声。気持ちは押され気味で、「こっちに来るな」という意味になります。

ケンカが始まり、興奮しきっているときの鳴き声です。また、苦痛を感じたときの悲鳴でもあります。「やるか！」「痛い！」という意味。

目の前に来てお腹を見せるのは、なでてほしいってこと？

一般に、犬がお腹を見せるのは、服従のポーズといわれていますね。

では、猫の場合はどうでしょうか。

ときどき、猫が飼い主の前にやって来て、ゴロンと横になり、お腹を見せることがありますが、この場合は服従ではなく、「いっしょに遊ぼう」とお誘いをしている可能性が高いでしょう。

このとき、目の前でお腹を見せながら、おいでおいでをするように前足をクイクイと動かすこともあります。

また、お腹を見せるしぐさは「あなたが大好き」という特別のサインでもあります。

犬もそうですが、猫にとってもお腹は体の中で一番デリケートで、無防備な場所。よほど安心できる相手でなければ、そのようなポーズはとらないでしょう。

ただし、猫にとって「お腹を見せること」と「なでられること」は、かならずしもイコールではありません。

飼い主がお腹を見せる猫の姿を見て「なでてほしいんだな」と思ってさわったところ、猫パンチをお見舞いされたという話もよく聞きますので、ご注意を。

足に体をすり寄せてくるのは、親愛の証じゃない？

台所で洗いものをしていたところ、愛猫が近寄ってきて、足にさかんに顔をこすりつけてきました。こんなしぐさを見ると飼い主は、自分を好きで仕方がないのだなと、まんざらでもない気持ちになるでしょう。

ですが、猫のスリスリは愛情表現ではありません。「これは私のもの！」とばかりに、**自分のニオイを対象物にこすりつけて、所有権を主張している**のです。

スリスリは犬が散歩のときに行なうおしっこと同じで、猫の本能である「縄張り意識」から来るマーキングの一種です。

自分のニオイを対象物につけて、「自分のもの」と宣言するわけです。また、それと同時に相手のニオイを自分につけて安心感を得ようとしているともいいます。

つまり、猫のスリスリは愛情表現というよりも、「自分の所有物」を主張し、安心感を得る本能的な行動といえます。

そう聞くと残念な気持ちになるかもしれませんが、猫がこうして所有権を主張するのは、基本的にお気に入りのはずなので、好かれているのはたしか。がっかりしないでくださいね。

トイレやお風呂にまでついてくるのは、甘えん坊ってこと？

「猫は家につき、犬は人につく」というように、犬は飼い主が大好き。

そのため飼い主のあとをついて回ることがありますが、自分本位な猫は、一般的に飼い主のあとを追うということはあまりしません。

しかしなかには、飼い主のあとをついて歩く子もいます。この猫は特別に甘えん坊なのでしょうか。

いいえ、じつは**これは、飼い主のあとをついて歩いているのではなく、家の中をパトロールしているだけかもしれません。

家猫にとっての縄張りは、家の中すべてにおよびます。それはトイレからお風呂場から玄関先にいたるまで……。

ですが、お風呂場やトイレは、いつも扉がしめられていて、飼い主が開けない限り、チェックすることができません。

だからこそ、飼い主が扉を開けるタイミングを見計って縄張りチェックをしようと、追いかけているわけです。

まるで猫のおまわりさんのよう？　いえ、どちらかというと警備保障会社の警備員さんに近いかもしれませんね。

家事中など、忙しいときに限って足にじゃれつくのは？

朝の忙しい時間、バタバタとキッチンやリビングを行ったり来たりしていたところ、猫が飛びかかってきてパンチをお見舞い！　そんな経験をしたことがある飼い主は少なくないでしょう。

一見、この猫は「かまって」といっているように思えるかもしれませんが、どうやら本能的な行動のよう。

野生時代からハンターの血が流れている猫は、動くものを見ると、反射的に飛びかかりたくなる傾向があります。

本来猫は、人間のような大きな対象を獲物と見ることはありませんが、足や手といった忙しく動き回る部分は別。とくに、行ったり来たりする人の足に本能を刺激されて、ついついじゃれついてしまうのです。猫に邪魔しようなどという気はないでしょうが、足元でうろちょろされると、思わぬケガを招いてしまうかもしれません。

こうした猫は、ふだんからエネルギーがありあまっているはずです。

高いところに飛び乗ったり、飛び降りたりと上下に動き回れるような家具の配置にしたり、遊びの時間を増やすなどして、上手にエネルギーを発散させてあげるとよいでしょう。

なでていたら白目をむいた！ 大丈夫!?

愛猫とのふれ合いの時間、ゆったりと背中をなでながら、ふと顔をのぞき込んでみたら、なんと白目をむいていた！

思わずびっくりしてしまいますが、**白目に見えるものは、「瞬膜《しゅんまく》」と呼ばれる猫の「第三のまぶた」。**目の前に草の先端など障害物が飛び出たときに、眼球を守るために一瞬だけ出てくる保護膜です。

瞬膜は眠りに入る前など、猫が完全にリラックスしたときにも出ることがあります。つまり、この場合の猫は、心底リラックスしてうっとり気分でいると考えられます。

ただし、目がウイルス性の病気に感染したときにも瞬膜はあらわれますから、長時間出たまま戻らないときには獣医師に相談することです。

なでたところをなめるのは、汚いというアピール？

ヒザの上で寝ている猫をなでていたら、突然ムクリと起き上がって、なでていたところを熱心になめはじめました。

よく見る光景ですが、なんだか、「汚い」といわれているようで、複雑な気持ちになるかもしれません。ですが、ご心配なく。

じつはこのとき猫は、人の手でつけられたニオイの上から自分の唾液をつけることで、飼い主のニオイと自分用のニオイをミックスさせているのです。

自分を守ってくれる飼い主のニオイと自分のニオイが混ざったニオイは、猫にとって心底安心できるニオイとなるからです。

気持ちよくなでられていたのに、突然凶暴化するのは、なぜ？

これもよくある光景ですが、猫をなでていたところ、ノドを鳴らして喜んでいたのに、急に猫パンチをお見舞いされたり、かみつかれたりすることがあります。

飼い主にとっては「豹変」に思えるでしょうが、そうではありません。

たいていはなでている弾みで、猫にとっての急所であるお腹を、うっかり強く突いてしまったなど、人間側に非があるようです。つまり、猫は防御のために、攻撃をしたのです。

小動物である猫にとって、ほんの少しでも圧力がかかった人の手は、攻撃に思えてしまいます。猫をなでながらも、見ているテレビドラマに夢中になって、ついつい指先に力が入っていたということはありませんか？

猫はパンチをくり出したあと、ぱっと飛びのいて部屋の隅にうずくまり、防御のポーズをとるでしょう。

こんなときは、こちらからあやまること。家猫は人間の笑顔をきちんと見分けますからそれで仲直りができますよ。

なんとも不思議

外出時や帰宅時の行動

うちらにとって、「ゲンカン」は飼い主はんとお別れしたり、再会したりする場所や。ここで見られるしぐさは、たいがいあいさつかもしれへんな

帰宅時にキスをしてくるけど、これって「好き」という合図？

仕事を終えてようやく帰宅。玄関を開けたところ、愛猫がちょこんと座っていました。その愛らしい姿に思わずだっこをしたところ、キスをしてきました。

そんな猫の姿は、「大好き」だといっているようで、うれしくなりますね。

ですが、猫の本音を聞いたら、少し残念な気持ちになるかもしれません。

というのも、猫はキスをしているのではなく、ニオイをかごうと鼻を寄せているだけ。ニオイをかぐのは相手の正体を探ろうとする本能的な行為

です。

つまりドライにいえば、飼い主をチェックしているのに近いでしょう。今日どこで何をしたのか、どんなところを通ったのか、残り香からの情報収集は欠かせません。

こうして熱心にニオイをかいでいるうちに鼻が触れ、口が触れ、親愛のこもったキスのように見えるのです。

お見送りやお出迎えに来るのは、名残惜しさや歓迎の気持ち？

飼い主が外出するとき、ちょこちょことあとを追いかけて、玄関先で見送る猫がいます。まるで「行かないで」と言っているような態度ですね。

これは飼い主が縄張りから出るのを確かめているだと考えられます。また、「ニャーオ」と声をかけてくる猫もいますが、これも「いってらっしゃい」ではありません。母猫が縄張りから出ようとする子猫のことを心配するように、「そこから先はあぶないから出たらダメだよ」と呼びかけているのです。

いっぽう、外出先から飼い主が帰宅したとき、ドアを開ける前から玄関先で待っている猫がいます。これは飼い主の足音を優れた聴力で聞き分け、先回りしての行動ですが、まるで飼い主の帰宅が待ち遠しくて仕方ないといっているようですね。

飼い主にはとてもうれしいお出迎え行動ですが、じつはこれも、猫にとっては**縄張りに入ってきた人間が、飼い主であるかをチェックしているだけというのが本当のところのようです。**

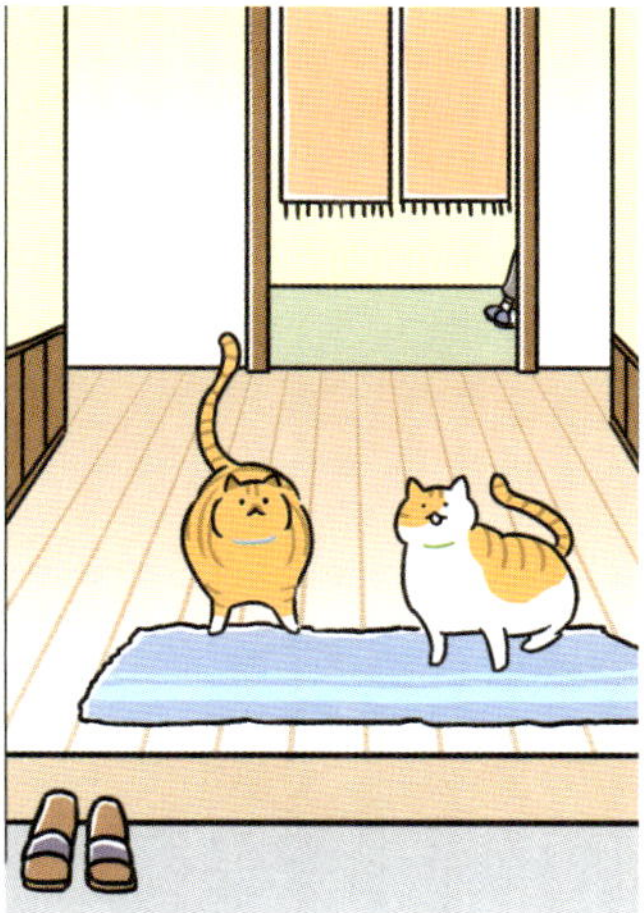

反省してる? 叱ったあとのしぐさ

悪気はないねんけど、ときどき飼い主はんに叱られることもあります。
そうは見えへんかもしれんけど、実際は反省してるんよ

叱ったら、あくびをした。反省していないってこと?

普段ダメといいきかせていたのに、ソファの足にバリバリと爪とぎをしている愛猫を発見。現行犯で叱ったところ、フワッーと大きなあくびをしたではありませんか!

このしぐさを見ると、「まるで反省していない」と思ってしまいますが、猫に反抗する気はありません。1章でも述べましたが、あくびは猫の「転《てん》位《い》行《こう》動《どう》」のひとつ。あくびをすることで、自分の気持ちを落ち着かせ、また飼い主に「落ち着いてよ」とうったえているのです。

このような転位行動はほかにもあります。舌で鼻先や口の周りをペロリとなめたり、毛づくろいをしたりするのも、典型的な転位行動のひとつ。こうすることで心の動揺を必死で鎮めようとしているのです。そんなときには、それ以上は叱らないで、そっとしてあげましょう。

ですが、耳を伏せてうずくまるような姿勢をとり、視線をそらさずに見つめてきたときは注意が必要です。視線をからませる行為は、猫社会でケンカを売るに等しい行為ですから、猫はかなり反抗的な気持ちのはずです。

転位行動の種類

爪とぎ

今までの行動に対して脈絡なく爪とぎをはじめた場合、ストレスを感じたときの転位行動といえます。

あくび

通常のあくびと違い、目を開けたままするのが転位行動のあくびの特徴です。

くしゃみ

あくびと同じく、転位行動のひとつで、少しわざとらしく見えるくしゃみをします。

舌なめずり

ごはんを食べたあとと違って、転位行動の場合は、鼻や口元をペロリと一回だけなめます。

巻末付録

にゃんこと暮らすための基礎知識

本書のたまこは、みやこさんの家族になってから半年以上たった状態でした。ですが、はじめてお迎えしたときはいろいろ大変だったようです。ここでは、お迎え前に知っておくべき基礎知識をまとめておきましょう。

お迎えする前に

猫を家族の一員に迎えるのは、とても喜ばしいこと。ですが悲しいことに、飼いはじめてから、「こんなつもりじゃなかった」と捨ててしまう人がいるのも事実です。

相手は生き物ですから、毎日のお世話や年をとってからの介護など、楽しいだけではないことを理解してください。また、食費や医療費、生活必需品などで猫にかかる費用があることも知る必要があります。それでも家族と猫、みんなで幸せになると心に決めたら、お迎えしましょう。

- **飼いはじめにかかる金額の目安**……5万円程度（猫の購入費除く）
- **毎年かかる金額の目安**……………10～20万円程度（食費・医療費・生活用品など）

猫種の選び方

本書の章末コラムで、人気の猫種とその性格をご紹介しました。ただし厳密には、個体や生活環境によって異なります。

性格よりも重要なのが、家族のライフスタイルに合わせた猫種選びをすることです。たとえば長毛種の猫は、被毛がからみやすく、毎日のブラッシングがかかせません。自分の生活リズムと照らし合わせながら、これからどんな暮らしを猫としていくのかを考慮して決めるとよいでしょう。獣医さんやブリーダーさんの意見を聞くのもよいですね。

猫をお迎えする場所を選ぶ

現在、猫をお迎えできる場所はいくつもあります。それぞれのよいところと悪いところを比較して、選ぶようにしましょう。

- **ペットショップ**……子猫の入手が容易。飼育環境が清潔か、スタッフの猫への対応の仕方などを確認する。
- **ブリーダー**……希望の猫種があれば、その種の知識が豊富のため、よき相談相手になってもらえる。
- **知人からの譲渡**……出産で譲られた場合、親子の時間がとれているため、社会化している子猫が多い。タイミングは生後3ヶ月後あたりがベスト。
- **愛護団体からの譲渡**……おもに成猫が対象。どんな経緯で保護されたのか、性格はどうかなどを確認する。

アビシニアンは人懐こさが持ち味。猫に思いっきり甘えられたいと思う人に向いている

大人気のアメリカンショートヘアは、やんちゃで陽気。遊び好きの飼い主にぴったり

ラグドールは、その名のとおりぬいぐるみのようにおとなしい猫。まったり過ごしたい人向け

にゃんこグッズをそろえよう

お迎えしてから「これがなかった！」「あれを忘れていた！」なんてことがないよう、猫をお迎えする前に、必要なものをひと通りそろえましょう。ここで紹介するグッズは必要最低限のものなので、生活をしていくなかで随時買い足すようにします。

食器とごはん

食器は猫が鼻で押してもズリズリ動かないものを選びます。水用とごはん用の二種類を用意しましょう。

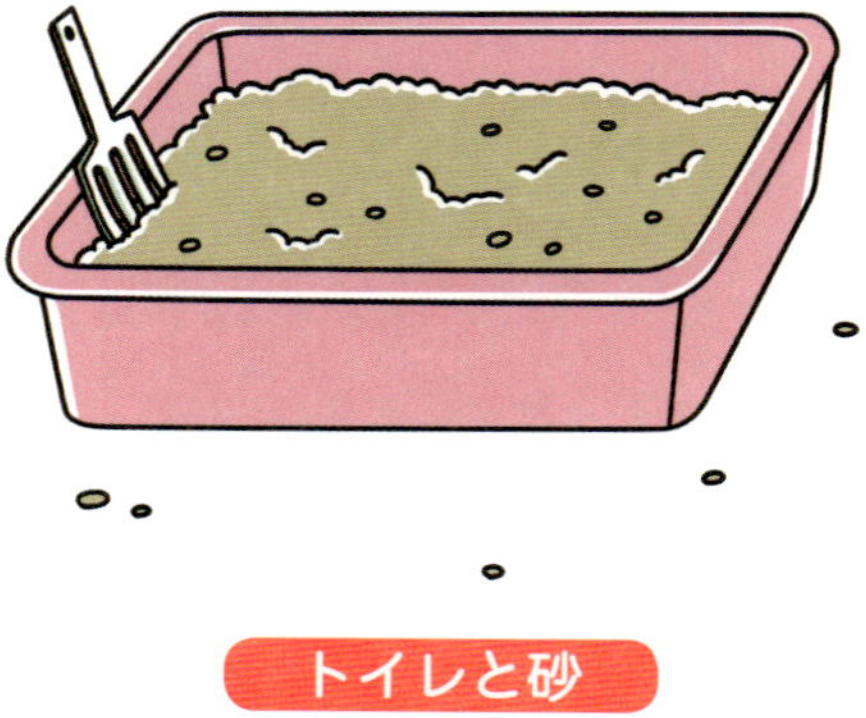

トイレと砂

フード付きかフードなしかを選びます。また、砂は猫によって好みがあるので、いろいろ試して選ぶようにします。

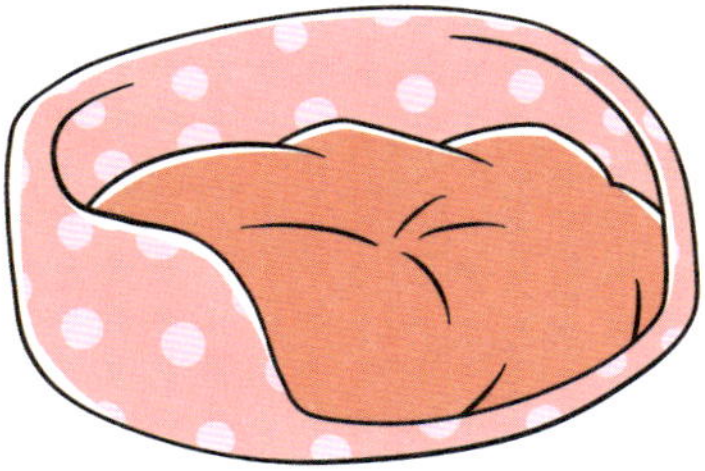

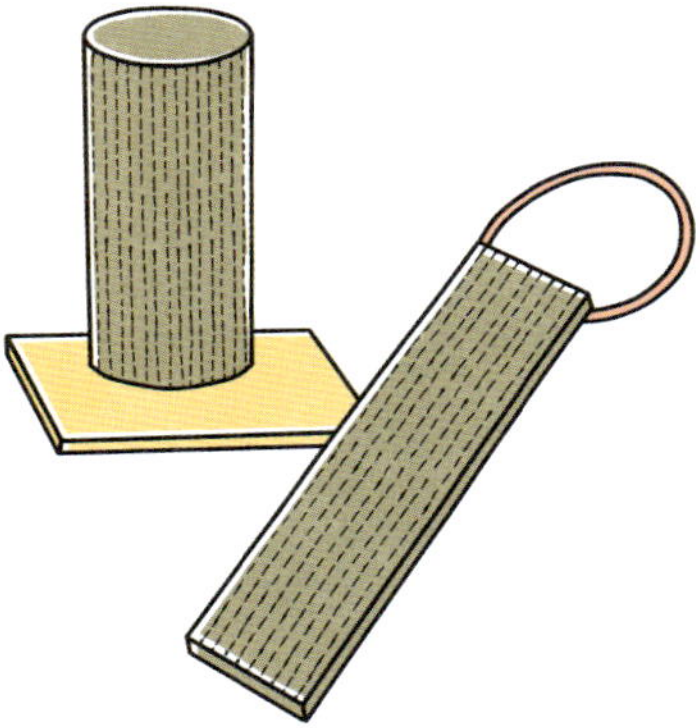

ベッド

睡眠時だけでなく、猫のプライベートスペースになります。市販品に限らず、ダンボールやカゴに毛布をひいたものでも、猫が気に入れば問題ありません。

爪とぎ

猫の飼育で欠かせないグッズのひとつです。大きさや素材、形など猫の好みはさまざまなので、いくつか試してみましょう。

お手入れ用品

毛玉の防止やダニの繁殖を防ぐためにケアグッズは欠かせません。長毛種·短毛種によって種類が異なるので、確認して購入しましょう。

キャリーバック

動物病院に連れて行くときなど、移動時に利用します。頑丈で出入りしやすいハードケースがよいでしょう。

お迎えするときの注意点

グッズをそろえれば準備万端！……とはいきません。猫が心地よく暮らせる空間になるよう、整える必要があります。

生活環境のなかには、人間にとっては害がなくても、猫にとっては危険なものがいくつかあります。次の点に気をつけて確認してみてください。

- □ **電気コードが猫の生活スペースにないか？** ▼かじって感電する危険
- □ **鉢植えや花瓶が近くにないか？** ▼有害な植物を食べると危険
- □ **たばこが近くにないか？** ▼食べてしまうと危険
- □ **小物が置かれていないか？** ▼飲み込んでしまう恐れがある

猫にとって居心地のよい空間をつくろう

猫は犬のように広いスペースは必要ありませんが、運動不足にならないために上下に動ける部屋づくりをすることが基本となります。

キャットタワーやキャットウォークなど、市販のグッズを購入してそろえてもよいですが、家にあるタンスやキャビネットなどの配置を少し変えるだけでもOK。左ページのレイアウトを参考にしてみてください。

上下運動ができる家具の配置にする

高さの異なるタンスやキャビネットをうまく配置し、飛び乗ったり飛び降りたりできるようにします。キャットタワーやキャットウォークを用意してもよいでしょう。

猫がかくれられる場所をつくる

猫はせまい場所に入るのが大好き。かくれんぼスペースをつくると、喜んで入ります。ただし、入って出られなくなるようなすき間はガードしておいてください。

足をケガしないよう緩衝材をしく

高いところから飛び降りてもじょうずに着地しますが、多少なりとも足や体へ負担がかかります。よく飛び降りるところにはラグやカーペットをしいておきます。

健康状態に注意しよう

お迎え後に注意したいのは、猫の健康状態です。ブラッシングや遊びの中で、毎日よく観察し、変化を見逃さないようにしましょう。最後に、猫の不調のサインをまとめておきます。

症状	原因
目をこする	ウイルスの感染やアレルギーの可能性あり。しきりにこするようなら病院で診断を。
頭を振る	ダニや細菌、アレルギーなどで耳が炎症を起こしていることがある。黒い耳アカや腫れなどの症状も。
食欲がない	食べようとしながら食べられない場合は、口内炎の可能性が。その場合、口臭やよだれがひどくなる。
カキカキする	体をかいたり、フケが出たり、脱毛が見られた場合は、皮膚病が考えられる。人にも感染するので注意！
水をよく飲む	水をよく飲み、食べてもやせていくようであれば、糖尿病や甲状腺《こうじょうせん》機《き》能亢進症《のうこうしんしょう》の可能性あり。
舌を出して呼吸する	熱中症にかかっている可能性がある。涼しい場所に連れて行き、冷やしたタオルでおおう。
鼻水やくしゃみ	猫風邪のウイルスに感染している可能性がある。重症になる前に、病院で診察を。

おもな参考文献

『猫の気持ちを聞いてごらん』加藤由子（マガジンハウス）
『ムツゴロウ先生の犬と猫の気持ちがわかる本　ペットとあなたの心をつなぐ42の方法』畑正憲（ベストセラーズ）
『愛猫の気持ちになれる本　猫からの101の質問』ホナー・ヘッド（小学館）
『キャット・ウォッチング　ネコ好きのための動物行動学』デズモンド・モリス（平凡社）
『猫語のノート』ポール・ギャリコ（筑摩書房）
『猫の言いぶん　飼い主に知ってほしいボクたちの本音』小暮規夫ほか（講談社）
『ネコの気持ちがわかる89の秘訣「カッカッカッ」と鳴くのはどんなとき?ネコは人やほかのネコに嫉妬するの?』壱岐田鶴子（ソフトバンククリエイティブ）
『うちの猫を100倍幸せにする方法』東山哲（河出書房新社）
『幸せな猫の育て方　暮らし方・遊び方・健康管理』加藤由子（大泉書店）

● 編著――――――――――――――にゃんこラブの会
● 本文マンガ・イラスト――――ミューズワーク（ms-work）
● カバー、本文デザイン・DTP― podo

マンガで納得! 猫の気持ちがわかる
2016年2月2日　初版 第1刷発行
2019年12月31日　初版 第2刷発行
発行人：星野 邦久
編集人：遠藤 和宏
発行元：株式会社 三栄
〒160-8461
東京都新宿区新宿6-27-30 新宿イーストサイドスクエア7F
TEL：03-6897-4611（販売部）
TEL：048-988-6011（受注センター）

印刷製本所　図書印刷株式会社
ISBN 978-4-7796-2789-7
SAN-EI CORPORATION